本书所涉研究工作得到国家自然科学基金项目
（编号：72088101、51574283、51904353、52074361）的共同资助

锡铁复合资源活化焙烧原理与综合利用新技术

Tin-Iron Complex Resources: Activated Roasting Principles and Novel Comprehensive Utilization Techniques

张元波　姜　涛　苏子键　著

北　京

冶金工业出版社

2022

内 容 提 要

　　本书针对国内储量丰富的锡铁复合资源中锡铁组分嵌布紧密、分离回收难等问题，多尺度表征了典型锡铁复合资源特性，重点阐述锡铁复合资源热活化焙烧分离锡铁基本原理，并根据不同锡铁复合资源特性构建出综合利用新技术流程，将对国内外锡铁复合资源的大规模开发利用提供理论和技术支撑。

　　本书可供高校、研究院所等从事复杂矿产资源综合利用相关专业的科研和设计人员、生产人员、教学人员阅读参考。

图书在版编目(CIP)数据

　　锡铁复合资源活化焙烧原理与综合利用新技术/张元波，姜涛，苏子键著. —北京：冶金工业出版社，2022.10
　　ISBN 978-7-5024-9191-8

　　Ⅰ.①锡… Ⅱ.①张… ②姜… ③苏… Ⅲ.①锡矿—矿产资源—综合利用 ②铁矿资源—综合利用 Ⅳ.①TD98

　　中国版本图书馆 CIP 数据核字(2022)第 114215 号

锡铁复合资源活化焙烧原理与综合利用新技术

审图号：GS 京 （2022） 0897 号

出版发行	冶金工业出版社	**电　话**	(010)64027926
地　址	北京市东城区嵩祝院北巷 39 号	**邮　编**	100009
网　址	www. mip1953. com	**电子信箱**	service@ mip1953. com

责任编辑　刘小峰　美术编辑　彭子赫　版式设计　禹　蕊
责任校对　李　娜　责任印制　禹　蕊
北京捷迅佳彩印刷有限公司印刷
2022 年 10 月第 1 版，2022 年 10 月第 1 次印刷
710mm×1000mm　1/16；13.5 印张；264 千字；206 页
定价 99.00 元

投稿电话　(010)64027932　投稿信箱　tougao@cnmip.com.cn
营销中心电话　(010)64044283
冶金工业出版社天猫旗舰店　yjgycbs.tmall.com
（本书如有印装质量问题，本社营销中心负责退换）

序

随着全球锡矿资源的不断消耗，锡的战略地位日益凸显，我国已明确将锡与钨、锑、稀土统称为四大战略金属。以目前我国锡矿资源利用程度、锡产量与消耗量来看，国内锡矿资源保障年限不足 15 年。与此同时，进入新世纪以来我国钢铁工业快速发展，国内铁矿石尤其是高品质铁矿资源缺乏，致使铁矿石进口量持续居高不下，2021 年对外依存度已超过 76%。国内锡矿资源和铁矿资源供应短缺问题，已成为制约我国锡工业和钢铁工业可持续健康发展的瓶颈。

锡铁复合资源是我国典型的难处理复杂金属资源，富含锡、铁等有价金属，广泛分布于我国云南、内蒙古、广西、湖南等省区，但因其中锡铁组分共生关系复杂，采用传统的选、冶技术根本无法实现锡、铁组分的高效分离和回收。开展高效综合利用该类复合资源的基础理论与新技术研究，对缓解国内锡矿和铁矿供需矛盾意义重大。

中南大学张元波、姜涛、苏子键合著的《锡铁复合资源活化焙烧原理与综合利用新技术》一书，是作者总结近 20 年的研究成果撰写而成。作者在查明国内几种典型锡铁复合资源的理化性质和工艺矿物学特性的基础上，根据现代矿物加工分离理论，创新性地提出"采用固态还原焙烧（热力场）与化学添加剂（化学能）对锡、铁组分矿物性能进行定向调控"的研究思路，即采用"热化学活化焙烧"方法，通过焙烧温度、气氛、添加剂的协同作用，调控主要元素迁移行为和组分矿物性能，首先实现锡、铁组分矿物由不可分离到可分离的定向转化，后续通过磨矿、磁选等物理方法强化锡、铁矿物之间的解离，从而实现锡、铁组分的高效分离和回收。书中详细介绍了不同气氛下锡、铁氧化物还原热力学和动力学特性，论述了热活化焙烧过程中锡、铁与主要脉石组分间的反应机制，阐明锡铁复合资源活化焙烧分离锡铁的基本原理，为新技术的开发奠定理论基础；并根据不同特性锡铁复合资源构建了新技术流程，为我国储量丰富的锡铁复合资源高效利用提供了可靠技术依据。

该书是国内外第一部系统介绍锡铁复合资源综合利用最新研究成果的专著，书中反映了一系列创新性研究成果。该书的出版将对国内外锡铁复合资源的大规模开发利用提供理论和技术支撑，也可为国内外同行开展复杂矿产资源综合利用提供新的研究思路，有助于提升我国复杂矿产资源综合利用水平。

中国工程院院士

2022 年 1 月

前　言

　　锡作为我国四大战略金属之一，广泛应用于制备锡焊料、锡化工品、镀锡板等重要领域。虽然我国是精锡生产及消费第一大国，但国内锡矿资源日渐枯竭，保障年限已不足 15 年。对于铁矿资源而言，近年来随着我国钢铁工业的快速发展，铁矿资源供需矛盾日益突出，铁矿进口量逐年高涨，对外依存度多年来一直保持在 70% 以上。扩大我国锡矿、铁矿资源来源，是缓解我国锡工业、钢铁工业原料供应紧张的必然选择。

　　与此同时，国内储量丰富的锡铁复合资源（如含锡磁铁矿、含锡铁复合尾矿）并未得到充分利用，其中共生关系紧密的锡、铁组分具有极高的回收利用价值。在传统选矿或冶炼技术都无法满足经济、高效利用此类资源的背景下，亟待开展锡铁复合资源高效综合利用的基础研究，突破锡铁组分高效分离和回收技术瓶颈，推动新技术工业化应用，为我国锡工业和钢铁工业的可持续健康发展提供支撑。

　　2003 年以来，在国家自然科学基金、校企合作等项目的资助下，作者持续开展基于热化学活化焙烧的锡铁复合资源综合利用新技术开发与基础研究。本书较全面、系统地介绍了典型锡铁复合资源特性、活化焙烧分离锡铁基本原理、实验室扩大化和工业化试验，以及依据不同特性的锡铁复合资源构建的综合利用新技术流程，旨在为该类资源的大规模开发利用提供理论和技术支撑。

　　本书共分为 5 章：第 1 章在介绍锡、铁及其主要化合物性质和用途、国内外锡铁金属生产与消费状况的基础上，叙述了国内外锡、铁矿产资源的分布特征与供应形势，通过分析锡铁复合资源概况与利用现状，指出锡铁复合资源综合利用面临的主要挑战；第2章重点介绍了典型锡铁复合资源（含锡磁铁矿、褐铁矿型含锡尾矿、磁铁矿型含锡尾矿）的理化性质和工艺矿物学特性；第3章详细研究了锡铁氧化物还原热力学和动力学行为，揭示了CO-CO_2气氛下锡、铁、钙、硅氧化物间的反应行为，阐明了锡铁尖晶石（$Fe_{3-x}Sn_xO_4$）与钙、硅氧化物的反应机制；第4章在研究含锡磁铁矿球团预氧化与弱还原焙烧特性的基础上，开展了模拟链箅机预氧化—回转窑弱还原焙烧扩大化试验研究，查明了弱还原焙烧球团矿综合性能与固结机制，并开展了工业化试验；第5章分别介绍了褐铁矿型含锡尾矿磁化焙烧-磁选分离新技术、磁铁矿型含锡尾矿控制气氛钙化焙烧-磁选分离新技术，并提出了锡铁复合尾矿综合利用新工艺流程。

本书研究工作得到了国家自然科学基金基础科学中心项目（72088101）、国家自然科学基金面上项目（51574283、52074361）、青年基金（51904353）、国家杰出青年科学基金（50725416）等项目的共同支持，在此表示诚挚的谢意！

在本书完稿之际，作者特别感谢中国工程院邱冠周院士在百忙之中审阅书稿并撰写序言；感谢黄柱成教授、李光辉教授、郭宇峰教授、范晓慧教授等在本书完成过程中所做出的多方面的、大量卓有成效的工作；感谢同事们和研究生们的支持与帮助。

鉴于作者水平和时间所限，书中不妥之处在所难免，恳请各位读者批评指正！

作　者

2022年8月于长沙

目　　录

1 绪 论

1.1 锡、铁及其主要化合物性质与用途

锡是人类最早发现和使用的金属之一。在考古学上是以使用青铜器为标志的人类文化发展的一个重要阶段，在世界范围内的编年范围大约从公元前 4000 年至公元初年。青铜是锡含量为 25% 左右的铜锡合金，我国出土的最早青铜器出现在龙山文化遗址（距今约 4000 年），根据《周礼》《天工开物》等记载，我国在公元 1200 年以前已掌握炼锡技术。自然界中的铁多以氧化物形式存在，人类最早知道的金属铁是陨石中的铁，青铜器时代结束后，人类社会进入了铁器时代，世界上出土的最古老冶炼铁器是土耳其北部赫梯先民墓葬中出土的铜柄铁刃匕首，距今 4500 年；我国目前发现的最古老冶炼铁器是甘肃省临潭县磨沟寺洼文化墓葬出土的两块铁条，距今约 3500 年[1,2]。

1.1.1 金属锡、铁

锡（Sn）元素相对原子质量为 118.69，原子序数 50，属于第 IV 主族元素。金属锡的主要物理性质见表 1-1。金属锡有灰锡（αSn）、白锡（βSn）和脆锡（γSn）3 种同素异形体，其莫氏硬度仅为 3.75，是最柔软的金属之一，具有良好的展性，但延性差。常温下，金属锡主要以白锡形式存在，呈银白色；当温度低于 13.2℃ 时开始转变为灰锡，在 −30℃ 的温度下，晶型转变速度达到最大值，锡块迅速变成粉末，称为"锡疫"现象。常温下，锡在空气中性质稳定，主要因为锡表面易形成一层致密的锡氧化物薄膜，阻止了进一步氧化[1~3]。

表 1-1　金属锡的主要物理性质[1]

性　　质	参　　数
熔点/℃	231.96
沸点/℃	2270
密度/g·cm⁻³（αSn, 1℃；βSn, 15℃）	5.765、7.298
莫氏硬度	3.75
熔化潜热/J·g⁻¹	60.28
蒸发显热/J·g⁻¹	3018

性　质	参　数
比热容（18~20℃）/J·(g·K)$^{-1}$	0.2436
黏度（320℃）/Pa·s	0.001593
表面张力（300~500℃）/N·cm^{-1}	0.00532~0.00516
线性膨胀系数（50℃）/μm·(m·K)$^{-1}$	23.1
电阻率（18℃）/Ω·m	11.5×10^{-6}
热导率（βSn，100℃）/W·(m·K)$^{-1}$	60.7
超导转变温度/K	3.73

铁（Fe）元素的原子序数为26，相对原子质量为55.845。金属铁的主要物理性质见表1-2。纯铁均有白色或者银白色金属光泽，延展性良好，能被磁铁吸引；其熔点为1538℃，沸点为2750℃，能溶于强酸和中强酸，不溶于水[4,5]。铁有0价、+2价、+3价、+4价、+5价和+6价，其中+2价和+3价较常见。金属铁具备良好的延展性和导热性质，但导电性不及铜、铝；金属铁的磁化和去磁化速率快，利用此性质常将其制备成发电机、电动机和变压器的铁芯。此外，纯铁的抗腐蚀性强，但通常铁中含有少量碳及其他金属元素，使得其熔、沸点及抗腐蚀性降低。

表 1-2　金属铁的主要物理性质

性　质	参　数
熔点/℃	1538
沸点/℃	2750
密度（20℃）/g·cm^{-3}	7.88
导热系数（25℃）/J·(cm·s·K)$^{-1}$	0.804
比热容（25℃）/J·(g·K)$^{-1}$	0.448
导热系数（1500℃）/J·(cm·s·K)$^{-1}$	0.134
比热容（1500℃）/J·(g·K)$^{-1}$	0.735

金属锡和铁之间有较强的亲和力，容易形成二元合金。由图1-1铁锡合金相图可知，铁在液锡中的溶解度随温度升高而增加，在500~1130℃范围内，铁的溶解度为0.082%~17.5%；在1130℃以上，出现分层区，上层为富锡层，下层为富铁层，随温度继续升高，分层区逐渐缩小。液相冷却时，铁的溶解度降低，温度降低至232℃时，析出α-Fe（锡含量16.1%~17.9%）、ζ相（锡含量约63%）、ε相（锡含量约58.5%的Fe$_3$Sn$_2$）、η相（FeSn）、θ相（FeSn$_2$），这也是在锡冶炼过程中甲锡、乙锡以及"硬头"生成的热力学原理[1,2]。

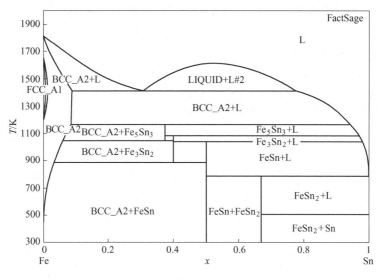

图 1-1　铁锡合金相图

铁锡二元合金中存在 5 种金属间化合物：750~880℃ 为 δ 相（Fe_5Sn_3），620~830℃ 为 ε 相（Fe_3Sn_2），496~620℃ 时可能存在 η 相（FeSn）、θ 相（$FeSn_2$）及 ζ 相，在 496℃ 以下 FeSn 和 $FeSn_2$ 以稳定的包晶化合物共存，θ 相（$FeSn_2$）的性能及结构稳定，是马口铁的主要成分，其显著特点是强度高、可锻性好、可焊性好、耐腐蚀性高、无毒、能涂漆等。另外，在富铁的 γ-Fe 相中锡的固溶度有限，且随锡含量的升高，合金体系熔点显著降低，利用此种特性，在铁基粉末制品中加入适量锡，可降低烧结温度，改善其质量。在不锈钢领域研究表明，锡的掺杂对不锈钢的切削加工性和耐腐蚀性方面有显著改善作用。锡铋添加剂可取代铅、硫而显著改善镍铬不锈钢的易切削性质；在抗腐蚀性方面，1 个 Sn 相当于 0.5 个 Cr，目前已开发的含锡不锈钢主要包括新日铁住金 FW 系列和太钢（TISCO）TSSN 系列[6,7]。

1.1.2　主要锡、铁化合物

1.1.2.1　锡的主要化合物及性质

二氧化锡（SnO_2）在自然界中呈锡石存在，是目前唯一具备工业价值的锡矿物。天然二氧化锡多呈四方晶体，密度为 7.01g/cm³，熔点约为 2000℃。在熔炼温度下，二氧化锡挥发性很小，但有金属锡存在时，则可显著挥发，这是由于金属锡和二氧化锡发生反应生成 SnO 气体。在高温下，二氧化锡分解压很小，是稳定的化合物，但容易被 CO、H_2 等还原为 SnO 或金属锡。二氧化锡呈酸性，在高温下能与碱性氧化物作用生成锡酸盐，如 Na_2SnO_3 和 $CaSnO_3$ 等。在有碳质还原剂存在的条件下，二氧化锡极易与氯气反应生成 $SnCl_4$ 或 $SnCl_2$，这是锡冶炼中氯化挥发锡的重要反应原理[1,8]。

氧化亚锡（SnO）为四方晶体，密度 $6.446g/cm^3$，熔点 1040℃，沸点 1430℃，自然界中未发现天然的氧化亚锡。氧化亚锡在高温下易挥发，采用质谱测定法发现氧化亚锡的蒸气中存在多分子聚合物 $(SnO)_x$，$x=1\sim4$[1,9]。氧化亚锡在高温下呈弱碱性，能与酸性氧化物发生反应（例如，与 SiO_2 生成硅酸亚锡）。

硫化亚锡（SnS）的熔点为 880℃，沸点为 1209℃，高温下其挥发性很大，这是锡冶金中硫化挥发锡的热力学基础[3,10,11]。质谱分析测定气态中存在单分子 SnS 和部分聚合分子 $(SnS)_2$，这是导致沸点存在差异的原因。硫化亚锡不易分解，是高温稳定化合物，但在空气中加热，SnS 可被氧化为 SnO_2 和 SO_2。

此外，锡的化合物还包括：锡的卤化物（氟化锡、氯化锡、氯化亚锡、氟硼酸亚锡、碘化锡等）、锡的无机盐（硫酸亚锡、锡酸钠、锡酸钾、锡酸钙、锡酸锌等）和锡的有机化合物（四丁基锡、四苯基锡、三丁基氧化锡、三丁基氯化锡等）[1]。

1.1.2.2 铁的主要化合物及性质

三氧化二铁（Fe_2O_3）通称赤铁矿，理论含铁量为 70%，为自然界氧化程度最高的氧化铁矿物。Fe_2O_3 包括 α-Fe_2O_3 和 γ-Fe_2O_3 两种形式，均极易被 CO、H_2 等还原为低价铁氧化物或金属铁。γ-Fe_2O_3 又称磁赤铁矿，当烧结矿或球团矿在低温还原过程中，其中的 α-Fe_2O_3 在向 Fe_3O_4 转变过程中，可出现 γ-Fe_2O_3。反之，在 Fe_3O_4 低温氧化过程中，也可出现 γ-Fe_2O_3[12]。

四氧化三铁（Fe_3O_4 或 $FeO\cdot Fe_2O_3$）一般称磁铁矿，理论含铁量为 72.4%。具有强磁性，易用磁选方法进行分选富集。在自然界中，磁铁矿易发生氧化反应而形成假象赤铁矿。为衡量磁铁矿的氧化程度，通常以全铁（TFe）与氧化亚铁（FeO）的比值来区分。比值越大，则说明该铁矿石氧化程度越高，即：当 TFe/FeO<2.7 时为原生磁铁矿；TFe/FeO = 2.7~3.5 时为混合矿；TFe/FeO>3.5 时为氧化矿。磁铁矿在空气中高温焙烧时可氧化放热[12,13]。

氧化亚铁（FeO）也称方铁矿，自然界中未发现独立 FeO 矿物，仅存在于高价铁氧化物还原过程中，而实际上，还原过程中稳定存在的并非纯 FeO 相，而是浮氏体相，其分子式为 Fe_xO（$x=0.95\sim0.83$），且易与脉石成分反应生成低熔点物[13]。

各种铁氧化物的晶体形状及晶格点阵结构参数见表 1-3。可以看出，当 α-Fe_2O_3 向 γ-Fe_2O_3 和 Fe_3O_4 转变过程中，晶格常数有较大幅度增加，会产生较大内应力，这也是氧化球团矿或烧结矿还原时发生膨胀粉化的主要原因之一[14,15]。

表 1-3　各种铁氧化物的晶体形状及晶格点阵结构[14,15]

项目	化学式	晶体形状	晶格常数/nm	常温下稳定情况
赤铁矿	α-Fe_2O_3	六方晶格	0.542	最稳定
	γ-Fe_2O_3	立方体晶格	0.832	稳定
磁铁矿	Fe_3O_4	立方晶格	0.838	不稳定
浮氏体	FeO	立方晶格	0.430	很不稳定
金属铁	Fe	体心立方晶格	8.00	最不稳定

1.2　锡、铁的生产与消费状况

1.2.1　锡的生产与消费

在近代，锡主要用于生产马口铁镀锡，以及制备食品和饮料的包装材料等领域；而近十年来，随着电子信息产业的飞速发展，人类对电子产品的需求日益提高，因而生产电子焊料成为锡最主要的消费领域。如图 1-2 所示，目前世界精炼锡年消费量一直稳定在 30 万吨以上，并呈缓慢增长趋势，我国精炼锡消费占全球总消费量的 50%以上；2021 年，全球精炼锡消费量为 39.1 万吨，我国锡消费量达到 17.79 万吨[16,17]。

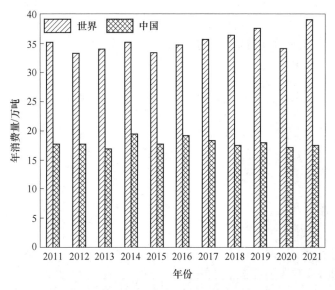

图 1-2　世界及我国精炼锡的消费量[16,17]

对我国锡消费结构（见图1-3）统计发现，受下游锡焊料、锡化工、镀锡板、铅蓄电池等产业运行态势的影响，我国精锡消费结构呈现较大波动性，以2021年为例，用于锡焊料和锡化工制品的消费占比已达到48%和17%，而镀锡板（马口铁）的生产消费仅为12%，说明随着信息时代到来，锡的消费领域正向高端制品和

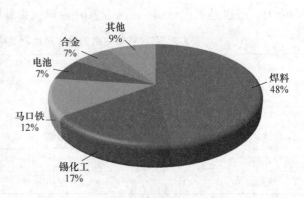

图1-3 2021年我国精锡消费领域分布

精细加工方向发展。传统的锡焊料以铅锡合金为主，而随着便携式电子产品的发展和使用，无铅焊料已成为未来发展方向，锡-铜、锡-银系列焊料产量逐年增高；在铅蓄电池、锂电池体系，锡及其氧化物多用于制备负极或添加剂等；在锡化工方面，锡的无机化合物广泛用于锡及合金电镀、陶瓷釉及颜料、催化剂、玻璃等生产，有机锡在化工塑料行业用作热稳定剂、催化剂，在农业、医药、纺织方面用作杀虫剂、杀菌剂，在林业和船舶方面用作防腐剂和涂料等[18,19]。

近年来，国内锡石精矿原料不足的情况开始凸显，与此同时，受锡石精矿出口国如印尼、缅甸、马来西亚等国家政策、国际贸易形势的影响，国内锡精矿原料供给并不稳定，导致精炼锡价格呈现整体上升趋势[18,19]。根据近10年精锡的生产消费情况预测，未来20年随着我国国民经济发展，在目前经济发展形势之下，对锡石精矿及精炼锡的需求量总体呈上升趋势（见图1-4），2035年对锡矿

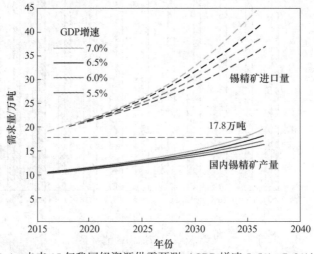

图1-4 未来15年我国锡资源供需预测（GDP增速5.5%~7.0%）[21]

石的需求将达到 17.8 万吨/年，而精炼锡的消费量将达到 35 万~40 万吨/年，可见国内市场对锡的需求量增加，而国内锡资源缺口将越来越大[20,21]。

1.2.2 钢铁生产与消费

我国钢铁工业发展经历了漫长而艰辛的路程。新中国成立初期，钢铁产能仅为百万吨，到 20 世纪 70 年代末期才达到 1000 万吨。改革开放之后，尤其是进入 21 世纪第一个 10 年，我国钢铁产能经历了一个高速发展时期（见图 1-5），钢铁产量占世界总产量的 50%左右。2010 年以后，我国钢铁产量呈缓慢增长趋势。2021 年，世界粗钢产量 19.047 亿吨，其中我国粗钢产量达 10.33 亿吨，占比超过世界 50%[22,23]。

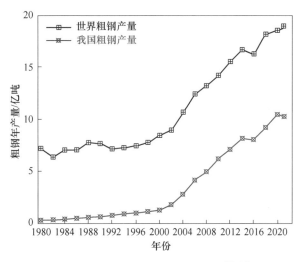

图 1-5　近年世界及我国粗钢产量[20,21]

一直以来，拉动国内钢铁消费迅猛增长的三大因素是基建、房地产、制造业。其中，基建和地产为纯内需；而国内制造业，是一个高度依赖国际贸易交换的行业，对关键部件的进口，以及对产成品的出口，是我国制造业发展的根本。从直接消费角度来讲，建筑消费占到了钢材消费的半壁江山，如图 1-6 所示，2021 年用于建筑的钢铁消费占比高达 55%，但其实，建筑行业对钢材的消费总贡献占 65%以上，比如机械中的工程机械、汽车行业的重型卡车等，都是直接和间接用于建筑活动。除了建筑，其他行业统称为制造业（此处也含能源行业）。最大的制造业即机械制造，占钢材消费总量近 15%的比重。我国的各类机械，目前基本上都做到 5%~10%的出口，尤其是近两年，随着"一带一路"倡议的开展，我国的工程机械、冶炼机械等广泛出口东南亚、非洲等国家。汽车是仅次于建筑和机械制造的第三大钢材下游行业，用钢占比约 5%。

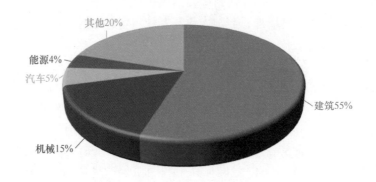

图 1-6　我国钢铁消费结构（2021 年）

我国钢铁工业体量大、发展快，尤其是近十年的高速发展也带来新的问题。从矿石原料方面来看，受国内资源限制，目前我国铁矿石对外依存度高达 80%，优质铁矿石几乎完全被巴西、澳大利亚的淡水河谷、力拓、FMG、必和必拓等公司垄断，铁矿石供应商赚取了钢铁行业大部分利润，而且受国际形势影响，这些公司常配合西方国家对我国开展"制裁"，严重影响了我国钢铁工业的可持续发展。从生产工艺角度来看，目前国内钢铁生产仍以"烧结球团—高炉炼铁—转炉炼钢"的长流程为主，在高炉入炉的含铁炉料中，烧结矿比例接近 80%，球团矿入炉比例仍较低，与欧美等发达国家相比仍有较大差距；此外，国内部分钢厂装备落后，500m³ 以下的高炉、200m² 以下烧结机、20m² 以下竖炉仍在使用，导致能耗高、污染大。从废旧钢铁循环利用方面看，大多数发达国家均采用"电炉炼钢短流程"，实现废钢循环，大大减少对铁矿石原料的需求，同时实现污染物减排和工序能耗降低；但我国废钢资源不足，另外可用于"直接还原铁-废钢电炉炼钢"的优质直接还原铁资源严重不足，限制了"短流程"炼钢技术的发展。从钢铁产品角度来看，我国钢铁产品结构不合理，普通钢材明显供大于求，而高附加值的特殊钢材又难以满足国内市场，高端不锈钢、洁净钢、无缝钢管、超薄板材等产品仍存在较大缺口[22]。

"十四五"期间，国家政府对我国工业发展，尤其是冶金工业发展提出了新的环保要求，这对钢铁工业发展提出了新的挑战，实现智能化、清洁化、高值化生产已成为钢铁工业可持续发展的主题。如图 1-7 和图 1-8 所示，近年来我国钢铁企业吨钢综合能耗和污染物排放值总体呈下降趋势，但是距离发达国家仍有较大差距。因此，为积极响应习近平总书记提出的"绿水青山就是金山银山"的号召，顺应人民对美好生活环境的更高需求，相关部委颁布了新的《关于推进实施钢铁行业超低排放的意见》，对我国钢铁工业污染物排放提出了新的标准（见

表 1-4）。钢铁企业超低排放是指对所有生产环节（含原料场、烧结、球团、炼焦、炼铁、炼钢、轧钢、自备电厂等，以及大宗物料产品运输）实施升级改造，具体来看，烧结机机头、球团焙烧烟气颗粒物、二氧化硫、氮氧化物排放浓度小时均值分别不高于 $10mg/m^3$、$35mg/m^3$、$50mg/m^3$；其他主要污染源颗粒物、二氧化硫、氮氧化物排放浓度小时均值原则上分别不高于 $10mg/m^3$、$50mg/m^3$、$200mg/m^3$。

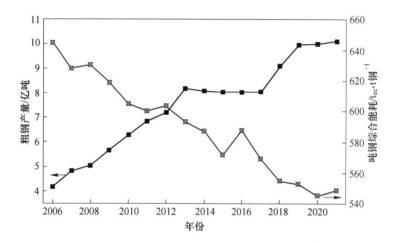

图 1-7　2006~2021 年我国重点钢铁企业吨钢综合能耗[23]

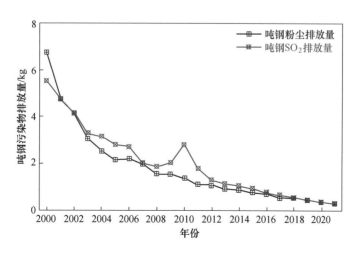

图 1-8　2000 年以来我国重点钢铁企业污染物排放变化[23]

表 1-4　钢铁工业污染物排放标准对比[23]

污染物	我国（GB 28662—2012）		征求意见稿（2017 年）	超低排放标准意见	欧洲	日本（新建）	韩国（新建）
	排放标准	特别排放					
粉尘/mg·m^{-3}	20	40	20	10	50	50	30
SO_2/mg·m^{-3}	200	180	50	35	500	260	200
NO_x/mg·m^{-3}	300	300	100	50	400	300	200
二噁英/ng-TEQ·m^{-3}	0.5	0.5	0.5	—	0.4	0.1	0.5
F$^-$/mg·m^{-3}	4.0	4.0	4.0	—	5.0	—	3.0

1.3　锡、铁资源分布与供应形势

1.3.1　锡矿资源

在地壳岩石圈中锡的丰度约 2×10^{-6}，属于含量较低的元素，自然界最主要的锡矿物是锡石（SnO_2），此外还有黝锡矿、硫锡矿、辉锑锡铅矿、硫锡铅矿、硼钙锡矿、马来亚石等。锡的工业可选矿物仅有锡石和黝锡矿两种，目前超过 95% 的锡矿床以锡石为主[1,3]。

在地质成矿过程中，成岩早期的锡以分散状分布于云母、角闪石、榍石等矿物中，或者以锡石矿物产出。随着岩浆分异演化，气成热液生成并促进锡的富集。在热液作用阶段，锡可以形成氧化物锡石和锡酸根离子、亚锡酸根离子等，也可以生成锡硫化物以及硫锡酸盐离子等。但是，锡酸盐和硫锡酸盐均容易水解，形成锡的氢氧化物，最终经脱水作用生成 SnO_2，所以自然界中锡石比黝锡矿更为常见[3]。

根据全球锡矿分布比较集中的部位，可将锡矿在全球分布划分为 3 个主要的锡成矿带（见图 1-9）：环滨太平洋巨型锡矿成矿带、欧亚大陆陆内锡成矿带和中南非洲锡成矿带。其中，环滨太平洋巨型锡矿成矿带全长 30000km，从澳大利亚、印度尼西亚、东南亚、中国华南、中国东北、蒙古东部、日本、朝鲜半岛到俄罗斯东北部地区，再从阿拉斯加到美国内华达州到玻利维亚和巴西，锡矿储量超过世界总储量的 80%。从矿床类型来看，早期开采的以砂锡矿为主，随着近年来优质锡矿资源日渐枯竭，现有锡矿多为脉锡矿，其矿石类型包括：锡石-石英型、锡石-伟晶岩型、锡石-硫化物型、锡石-矽卡岩型等[1]。

根据美国地质调查局（USGS）2020 年最新报告显示（见表 1-5），目前全球探明锡矿石资源储量为 470 万吨，主要分布在中国（110 万吨）、澳大利亚（42 万吨）、玻利维亚（40 万吨）、巴西（70 万吨）、印度尼西亚（80 万吨）、马来西亚（25 万吨）、俄罗斯（35 万吨）等国[20]。目前，锡石精矿主要产出国为中国、印度尼西亚、缅甸等国。

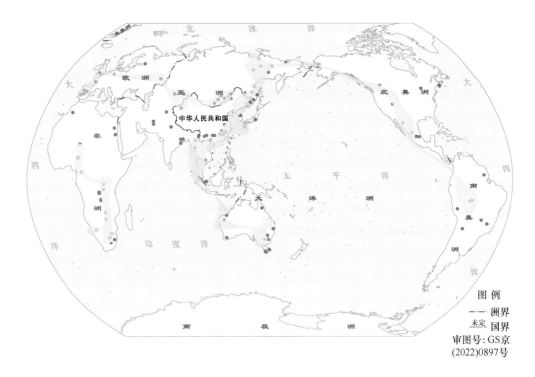

图 1-9 世界锡矿资源分布图[24]

表 1-5 世界锡资源储量分布及锡矿石年产量[20]

国家和地区	储量/万吨	储量占比/%	锡精矿产量/万吨				
			2015 年	2016 年	2017 年	2018 年	2019 年
中国	110	23.4	11.00	9.20	9.30	9.00	8.50
澳大利亚	42	8.9	0.70	0.66	0.72	0.69	0.70
玻利维亚	40	8.5	2.00	1.70	1.85	1.69	1.70
巴西	70	14.9	2.50	2.50	1.80	1.71	1.70
缅甸	10	2.1	3.43	5.40	4.70	5.50	5.40
刚果（金）	15	3.2	0.64	0.55	0.95	0.74	1.00
印度尼西亚	80	17.0	5.20	5.20	8.30	8.50	8.00
马来西亚	25	5.3	0.38	0.40	0.38	0.43	2.50
尼日利亚	—	—	0.25	0.23	0.60	0.78	0.75
秘鲁	11	2.3	1.95	1.88	1.78	1.86	1.85

续表1-5

国家和地区	储量 /万吨	储量占比 /%	锡精矿产量/万吨				
			2015 年	2016 年	2017 年	2018 年	2019 年
俄罗斯	35	7.4	—	0.11	0.13	0.14	0.14
卢旺达	—	—	0.20	0.22	0.27	0.24	0.30
越南	1.1	0.1	0.54	0.55	0.46	0.46	0.45
其他	35	7.4	0.01	0.02	0.02	0.03	0.14
合计	470		28.9	28.8	31.3	31.8	31.0

我国是全球第一大精锡生产及消费国，锡采矿及冶炼有上千年的历史，云南个旧、广西南丹等地区锡矿资源储量巨大，而湖南郴州柿竹园、内蒙古黄岗等地区是典型的多金属复合锡矿资源。从地质成矿带角度看，我国锡矿成矿受环滨太平洋巨型锡矿成矿带控制，锡矿带分布于华南褶皱系、内蒙古-大兴安岭褶皱系、三江褶皱系和扬子准地台构造单元中。根据锡矿所处构造部位和区域分布，可以大体上划分为 10 个锡矿带（见图 1-10），即东南沿海锡矿带、南岭钨锡矿带、个旧-大厂锡矿带、滇西锡矿带、川西锡矿带、川滇锡矿带、桂北锡矿带、赣北锡矿带、内蒙古-大兴安岭锡矿带及北天山锡矿带[1]。

与国外产锡国的锡资源相比，国内锡矿具有以下主要特点：（1）锡矿高度集中分布，主要分布于滇、桂、赣、粤、湘、内蒙古 6 个省区，约占全国总储量的 98%以上，其中仅云南和广西两省就占总储量的 60%以上；（2）锡矿床 90%以上为原生脉锡矿，砂锡矿不足 10%，选别难度大；（3）共、伴生元素多，综合利用价值高，现有选矿工艺流程长，导致分选过程金属损失大。国内锡矿作为单一矿产形式产出的只占 12%，共生及伴生元素主要有铜、铅、锌、钨、锑、钼、铋、银、铍、镓、锗以及铁、硫、萤石等，因而增加了锡矿分选难度及生产成本。铁含量高是我国锡矿资源的显著特点之一，其中以内蒙古黄岗、云南个旧地区锡矿最为典型。

1.3.2　铁矿资源

目前全球铁矿石储量约 1700 亿吨，主要分布在澳大利亚、巴西、俄罗斯三国。随着新矿勘探和开采，近 20 年全球铁矿石原矿储量总体呈上升趋势，但增幅不大。全球铁矿资源分布极不均衡，澳大利亚、俄罗斯和巴西三国的总储量占全球储量的 50%以上，从 2020 年 USGS 公布的储量数据来看，澳、巴、俄的铁矿储量分别为 480 亿吨、290 亿吨、250 亿吨，分别占全球储量的 28.2%、20.7%、17.9%。我国拥有铁矿石储量 209 亿吨，占全球储量的 14.9%，排名第四[20]。

图 1-10　中国锡矿分布图[1]

我国铁矿资源具有以下特点[25~27]：

（1）贫矿多富矿少。我国绝大多数铁矿石为贫铁矿，98%铁矿石的铁品位低于 35%，全国铁矿石平均品位仅 33%。保有储量中，贫铁矿石储量约457.86 亿吨，占全国储量的 97.5%；含铁平均品位在 55% 左右能直接入炉的富铁矿储量仅约 11.74 亿吨，占全国储量的 2.5%。贫铁矿石成分复杂，伴生组分多，均为难选难治矿石，其中可利用储量约占总储量的 53%，暂不能利用储量约占 47%。

（2）矿石类型复杂。在铁矿石保有储量中，以磁铁矿石为最多（占55.5%），是目前开采的主要矿石类型；钒钛磁铁矿石（占14.4%）也是目前开采的主要矿石类型，其成分复杂，选冶技术已基本解决；赤铁矿石（占18%）、菱铁矿石（占3.4%）、褐铁矿石（占2.3%）、镜铁矿石（占1.1%）、混合矿石（占5.3%）等5种类型铁矿石，因选别性能差，多数尚未得到开发利用。

（3）缺少储量大、矿石品位高的大型矿区。国内最大的铁矿区是辽宁鞍山-本溪矿区，但保有储量仅114亿吨左右。

总体来看，我国铁矿石资源尤其是高品质铁矿资源不足，近年来铁矿石进口量持续居高不下，对外依存度达到76%。因此，铁矿石定价权完全掌握在澳大利亚、巴西等国手中，严重限制我国钢铁工业健康发展，开发国内中低品位含铁资源综合利用关键技术及配套装备，是未来我国铁矿工业发展的必然趋势。

1.4 锡铁复合资源概况及其利用现状

根据戈尔德施密特（Goldschmidt）元素地球化学分类，锡属于亲铁元素，在岩石圈上部具有亲氧和亲硫两重性。锡在自然界的价态有+2 和+4 价两种，大量地球化学领域研究表明，结合离子半径与电负性关系，Sn^{2+} 与 Fe^{2+}、Ca^{2+}、In^{2+} 离子容易产生类质同象置换，而 Sn^{4+} 与 Fe^{3+}、In^{3+}、Ti^{4+} 等离子容易发生类质同象置换。根据戈尔德施密特定律，在地质成矿过程中，锡与铁元素容易发生亲和及置换反应，在矿物结晶析出时易趋于同步，因此在锡矿床中常见锡、铁矿物紧密共生[1~3]。其中最为典型的是含锡磁铁矿-矽卡岩型的锡铁复合矿资源，其成矿规律如图 1-11 所示。

地质成矿过程中，不同矿物从岩浆热液中结晶析出，会受到岩浆温度、氧化电位等因素的共同影响，其中锡石和磁铁矿两种矿物的析出时间高度重合，因此，比较容易形成磁铁矿-锡石紧密嵌布、包裹状的锡铁复合矿床。由于 Sn^{4+} 与 Fe^{3+} 离子半径接近，在成矿过程中容易发生类质同象置换。而磁铁矿是典型的反尖晶石结构，单体晶胞为 32 个氧原子呈立方紧密堆积，形成 16 个八面体空隙和 8 个四面体空隙，8 个 Fe^{2+} 全部占据八面体空隙，而 Fe^{3+} 一半填充八面体空隙，另一半填充四面体空隙。当有 Sn^{4+} 掺杂进入磁铁矿尖晶石晶格时，部分占据八面体空隙的 Fe^{3+} 让位于 Sn^{4+}，周围的 Fe^{3+} 与 Fe^{2+} 进行电子交换以达到电价平衡，锡掺杂铁尖晶石化学通式可表示为 $Fe_{3-x}Sn_xO_4$，离子式为 $[Fe^{2+}]_{1+x}[Fe^{3+}]_{2-2x}[Sn^{4+}]_x[O^{2-}]_4$。根据前人研究可知，晶格取代锡普遍存在于磁铁矿型锡铁矿中，例如在广东鹿湖嶂和浙江铜山等地区的锡铁矿中，锡以晶格取代形式存在的比例分别高达52.8wt.% 和 78.1wt.%[30~32]。

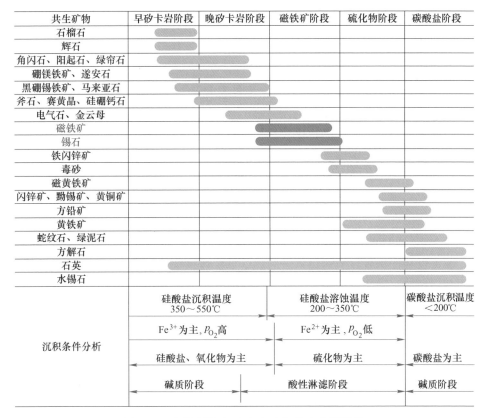

图 1-11　含锡磁铁矿-矽卡岩矿物成矿过程[28~30]

1.4.1　锡铁复合资源概况

根据锡矿中伴生铁氧化矿物的种类，锡铁复合资源可分为磁铁矿型和赤/褐铁矿型两大类。

国内典型的以磁铁矿为主要载铁矿物的锡铁矿区，包括内蒙古黄岗、广东连平、广东鹿湖嶂、浙江铜山、云南麻栗坡等。内蒙古黄岗地区磁铁矿型铁锡矿是我国典型的复杂铁锡矿之一，也是我国长江以北地区最大的铁锡多金属共生矿，其资源储量大，除铁元素之外，还富含锡、锌、钨、砷等多种金属元素。据不完全统计，该矿区中铁矿石铁（折算成金属）保有储量 1.8 亿吨，锡储量 45.6 万吨，锌 25 万吨[33,34]。为综合回收多种有价金属元素，目前主要采用多段"磁-重-浮"联合工艺处理此类资源。然而，多段联合工艺仍存在诸多问题，比如锡的综合回收率低，磁选铁精矿中仍含有较多锡、锌等金属，超过高炉冶炼原料要求，大大限制该地区锡铁资源的开发利用。云南麻栗坡地区的锡铁复合矿已探明金属锡储量超过 5 万吨，其中铁矿物主要是磁铁矿、磁黄铁矿等，具有较高利用价值，但因缺乏有效选冶技术，至今仍未得到大规模开发利用[35]。

国内以赤/褐铁矿为主要载铁矿物的锡铁矿区，包括云南个旧、四川泸沽湖、湖南郴州等地。其中，云南个旧地区的锡矿是国内乃至世界范围内最大的锡矿床，其金属锡储量超过 90 万吨，而金属铁总量超过 1 亿吨。该地区锡矿中，含铁矿物主要为弱磁性的赤铁矿或褐铁矿，但由于锡石嵌布粒度细，采用多段磨矿、强磁选获得的铁精矿品位仍较低，且精矿残存锡含量仍然较高，因此在现有选矿流程中，基本未考虑铁的回收利用，绝大部分铁矿物随尾矿直接丢弃。针对该类锡铁资源，部分研究单位曾采用重选、磁选、浮选等的联合选矿流程，但锡的综合回收率很低，一般不高于 30%[36,37]。然而，近年来随着优质锡矿资源逐渐枯竭，锡的可采边界品位不断下降，个旧地区早年堆积的大量尾矿中赋存的锡、铁等组分的回收价值日益凸显。

综上可知，现有针对锡铁复合资源的选矿流程存在锡铁矿物分离效果差、铁矿物利用率低、锡综合回收率不高等问题，导致大量锡、铁组分随尾矿丢弃，造成资源极大浪费。此外，现有针对磁铁矿型锡铁复合资源的选矿流程中，可获得品位较高的磁铁精矿，但因其中锡含量过高而不能直接作为高炉炉料，仅能在烧结球团过程中作为配料使用，且要求严格控制含铁原料中锡的含量，以避免对钢铁产品质量产生不利影响。

因此，研究开发含锡铁尾矿和含锡磁铁精矿等锡铁复合资源的高效综合利用新技术，实现锡铁复合资源的"吃干榨尽"，对我国锡工业和钢铁工业的可持续发展意义重大。

1.4.1.1 含锡铁复合尾矿

由于优质锡矿资源的日渐枯竭，锡矿可采品位不断降低，目前砂锡矿和脉锡矿的工业可采品位分别在 0.05wt.% 和 0.20wt.% 以下[1]。但锡冶炼一般要求锡精矿品位不低于 40wt.%，在锡石选矿过程中，锡的富集比一般超过 100 倍，因此不可避免产生大量尾矿。而且，锡矿采用多段磨-选联合处理流程中，因锡石性脆，易导致其过粉碎，目前锡的综合回收率一般低于 30%，大量微细粒锡石进入尾矿而随之丢弃。在锡石选矿过程中，铁常作为贱价金属，很少考虑回收利用，因而也直接进入尾矿丢弃。近年来，随着选矿技术进步以及锡石可采品位下降，尾矿中伴生的锡、铁等资源的综合利用价值逐渐受到重视。

据不完全统计，目前国内含锡铁尾矿储量超过 5 亿吨，其中金属锡高达 80 万吨以上，金属铁大于 1 亿吨。并且，每年锡选厂丢弃的含锡铁尾矿达千万吨以上，其中锡的平均品位 0.1wt.% ~ 0.5wt.%，铁的平均含量 10wt.% ~ 30wt.%，潜在极高的利用价值。此外，大量含锡铁尾矿堆存不仅占用宝贵的土地资源，而且安全隐患大、对环境和水土污染严重。2016 年 12 月颁布的《中华人民共和国环境保护税法》已明确将尾矿列入环境污染废物目录，通过对每吨尾矿征收 15 元环保税，来限制相关企业尾矿排放量[38]，目前，各工矿企业对尾矿等固废的综合处置直接关系到企业经济效益。国内主要锡矿产地的锡铁尾矿资源量见表 1-6[39~43]。

表 1-6 我国主要锡矿产地的含锡铁尾矿资源状况[39~43]

地区	尾矿储量	锡平均品位/wt. %	锡总量/万吨	铁品位/ wt. %
云南个旧	2.5 亿吨以上	0.19	47.5	10~40
广西南丹	2500 万吨以上	0.47	10.0	10~40
湖南临武	400 万吨以上	0.46	1.8	5~20
湖南郴州	2800 万吨以上	0.15	4.2	5~20
内蒙古赤峰	2000 万吨以上	0.20	4.0	10~20

由表 1-6 可以看出，仅以云南个旧地区为例，30 多座尾矿库中共堆存有 2.5 亿多吨尾矿，其中锡平均品位约 0.19wt.%，金属锡含量约为 47.50 万吨，铁平均品位为 20wt.% 左右，金属铁含量高达 5000 万吨[39,44,45]。

含锡铁尾矿是一类典型的难处理锡铁复合资源，其中的锡、铁组分综合利用价值极高，但是回收难度也极大。含锡铁尾矿中的锡主要以 3 种形式存在：（1）未实现单体解离的锡石；（2）过粉碎的微细粒级锡石颗粒；（3）非锡石相含锡物。锡石是选矿过程的主要目标矿物，但锡石本身性脆，多段磨矿过程中锡石发生过粉碎现象，导致锡的综合回收率低。此外，有文献表明，锡矿中部分锡以水锡石、硅酸盐锡、硫化锡等非锡石的含锡物相形式存在，此类锡在原生锡矿中含量较低，在锡石选矿过程中不考虑回收，因而最终进入尾矿中富集。

1.4.1.2 含锡磁铁精矿

含锡磁铁矿资源在我国储量非常丰富，其中铁矿物主要以强磁性的磁铁矿形式存在，通过磁选易获得铁品位 60% 以上的高品位磁铁精矿，但因锡、铁矿物紧密共生，现有物理选矿方法根本无法实现锡、铁矿物有效分离，最终磁选铁精矿中残余锡的含量仍高达 0.2wt.% 以上，无法满足炼铁生产对含铁原料的要求[46,47]。在高炉炼铁条件下，铁矿中的锡石（SnO_2）易被还原为金属锡而进入铁水，增加钢材脆性，因而在炼铁生产中，要求入炉含铁炉料中锡含量不高于 0.10wt.%[48,49]。

含锡磁选铁精矿显然不能直接作为高炉炼铁原料大规模使用。目前，在内蒙古包钢、广东韶钢等厂，常将含锡较高的磁铁精矿作为一种含铁配料使用，即与其他铁矿进行优化配矿后，使最终含铁炉料中的锡含量满足高炉生产要求。然而，此举无疑导致铁精矿中锡资源的浪费，并且含锡铁精矿的配比通常不足20wt.%，根本无法实现此类铁矿资源的大规模利用。

1.4.2 锡铁复合资源现有利用方法

国内外许多研究者采用了包括重选、磁选、浮选在内的物理选矿法、烟化挥发法、选冶联合法等方法对锡铁复合资源进行综合利用。

1.4.2.1 物理选矿法

物理选矿法是目前成本最低、效率最高的富集低品位矿产资源的方法，其工艺是建立在不同矿物单体解离的基础上，根据不同矿物的物理性质、表面物理化学性质的差异实现分选回收[50]。

重选是利用锡石密度高于主要脉石矿物的特性回收锡石的方法，重选工艺应用在超过80%的锡石选矿生产工艺中。但是重选工艺回收率较低，尤其对粒径低于19μm的微细颗粒，重选回收难度大。而在锡铁复合资源中，以锡铁尾矿为例，经过多次磨矿、分选作业后，微细粒级锡石及其他易泥化矿物组分含量高，采用单一重选工艺处理此类资源难以获得理想回收效果[50~52]。21世纪以来，国内外新开发了各种新型重选设备，例如Knelson、Falcon离心选矿机和高梯度磁选机等，用于处理矿物组成复杂的锡铁复合资源，但效果仍然有限。

磁选或磁选-重选联合工艺也常被用于处理磁铁矿型锡铁资源，虽然获得了较高的铁回收率，但锡、铁分离效果较差，最终磁选铁精矿中锡含量和锡精矿中铁含量都很高，无法直接作为后续冶炼原料[48,49]。

浮选是目前选择性回收细颗粒矿物最有效的方法。国内外研究者以铁含量较低的锡矿为对象，通过开发浮选新药剂、新设备，以及优化锡石浮选工艺流程，取得了较好的锡回收效果[50]。但以铁含量较高的锡铁复合资源为原料时，仍然无法获得理想的锡铁分离和回收效果。有研究表明，由于锡、铁、钛元素离子半径相近，锡石晶体结构中会掺杂铁、钛等元素，同时锡也会进入铁氧化物、硅酸盐等矿物中，影响锡石浮选效果[53,54]。同时，磨矿过程中铁氧化矿物会解离出含铁阳离子，铁离子易吸附在锡石表面，在消耗浮选药剂的同时也抑制了药剂与锡石的作用，进一步降低了锡石浮选回收率[55~57]。

综合国内外研究发现，现有针对锡铁复合资源的各类物理选矿法，都是以锡石为主要目标矿物，在锡铁复合资源（如含锡铁尾矿、含锡磁铁精矿）中，大部分锡仍以未单体解离或者微细粒级锡石形式存在，在现有物理选矿技术水平和设备条件下，均难实现此类资源中锡、铁的有效分离和高效回收[57]。

另外，现有针对原生锡矿的工艺矿物学研究表明（见表1-7），锡的主要赋存物相除了微细粒锡石以外，部分锡还以非锡石相的含锡矿物存在，包括铁氧化矿中晶格锡、硅酸盐相中锡、水锡石相等，以浙江铜山某磁铁矿型锡铁矿为例，其中非锡石相锡的占有率高达 78.05%[31]。这部分非锡石相的含锡矿物因回收难度极大，在选矿过程中根本无法回收，因而进入尾矿富集。

表 1-7　国内典型锡矿产地原生锡矿中锡的物相分析[31~33,57~59]

地区	锡含量/wt.%	锡石相占有率/wt.%	非锡石相占有率/wt.%
广东连平	0.49	81.67	18.33
云南蒙自	1.35	80.49	19.51
江西德安	0.56	82.14	17.86
湖南郴州	0.15	82.76	17.24
浙江铜山	0.24	21.95	78.05
内蒙古黄岗	0.18	61.11	38.39

1.4.2.2　烟化挥发法

烟化挥发法主要包括硫化挥发法、氯化挥发法和还原挥发法。

硫化（或氯化）挥发法是利用 SnS（或 $SnCl_2$）在高温挥发性质上的差异，将含锡物料中锡挥发的一种方法。其基本原理是：在加热条件下通过还原剂和黄铁矿（或氯化钙）的共同作用，含锡物料中的 SnO_2 被还原为 SnS（或 $SnCl_2$），并以气体形式挥发，然后在收尘系统中进行回收[60,61]。硫化和氯化挥发法是目前工业上处理各类贫锡矿、锡中矿、含锡冶炼渣较为有效的方法，锡回收率可达 98%以上。但是该类方法从经济成本考虑，一般要求原料中锡的含量在 1%以上[62,63]。近十年来，烟化挥发技术和装备有了长足的发展，环境污染和设备腐蚀等缺陷已得到改善，日本等国家也开始将氯化、硫化挥发法应用在稀贵金属冶炼领域。此外，硫化和氯化挥发法仍需要采用无烟煤等作为还原剂，当用于处理含锡铁尾矿资源时，高温焙烧过程中铁氧化物易被还原成 FeO，从而与硅、钙、镁、铝等组分发生反应，形成难以处理的含铁渣，其中的铁基本不具备回收可能；而当用于处理含锡磁铁精矿时，挥发脱锡后的铁料中会含有较多 S、Cl 等对高炉炼铁生产有害的元素。因此，氯化法、硫化法并不适用于直接处理锡含量低、铁含量高的锡铁复合资源。

还原挥发法的基本原理是通过控制还原焙烧过程气氛，将 SnO_2 还原为 SnO 并以气相形式挥发进入烟尘回收。1993~1995 年，地矿部综合利用研究所与中南工业大学联合攻关，针对内蒙古含锡锌磁铁精矿（含 Sn 0.30%，Zn 0.21%），开发了工业上可行的磁铁精矿球团直接还原焙烧工艺。在中南大学间歇式煤基回转窑（φ1000mm×550mm）装置上进行了还原焙烧扩大化试验，获得的金属化球团平均 TFe 为 86.15%，Sn、Zn 挥发率均大于 97%，金属化球团中残余 Sn、Zn

含量均小于 0.03%[64~68]。此外，还对广东连平含锡锌磁铁精矿（含 Sn 0.17% ~ 0.68%，Zn 0.20%~0.63%）进行了直接还原焙烧扩大试验，直接还原产品的金属化率达 94% 以上，Sn、Zn 挥发率超过 94%，残余 Zn、Sn 含量为 0.011% ~ 0.013%，所获得的金属化球团可作为电炉冶炼原料。含锡磁铁精矿球团采用还原挥发法可同时实现 Fe、Sn 的综合利用，但由于还原焙烧过程需要的时间长（要求回转窑内停留时间 4~5h），导致工业上金属化球团产量受到限制，因而难以实现大规模处理该类磁铁矿，这也是该方法至今未实现工业化应用的主要原因。

1.4.2.3 选冶联合法

鉴于含锡铁复合资源中锡、铁矿物嵌布关系复杂，有学者研究开发出凝聚焙烧-磁选联合处理工艺，以云锡赤/褐铁矿型尾矿为原料（铁、锡含量分别为 22.41% 和 0.38%），通过添加凝聚剂和还原剂，控制焙烧温度使锡石不发生还原，而赤、褐铁矿被还原为磁铁矿，再经磨矿、磁选分离，后续通过浮选对锡石进一步富集。优化条件下，获得铁品位 66.58% 的铁精矿，但铁精矿中锡含量仍高达 0.43%；同时获得了锡含量大于 4% 的锡中矿，但其中铁含量达 30%[69~72]。因而，采用该方法仍未能真正实现锡、铁的高效分离和回收，所获得的锡精矿和铁精矿均无法直接作为后续冶炼生产的原料，其主要原因在于：（1）炼铁生产中，铁精矿中的 SnO_2 被还原为金属锡而进入铁水，造成钢材脆性增加；（2）锡冶炼生产中，锡精矿中的铁氧化物被还原为金属铁，不仅增加冶炼过程还原剂的消耗，同时金属锡和金属铁极易形成锡铁合金（即"硬头"），造成锡的损失。

有研究者采用硫化-磁化复合焙烧法处理赤/褐铁矿型的锡铁复合资源（铁、锡含量分别为 34.41wt.% 和 0.35wt.%），其基本原理是：添加黄铁矿为硫化剂、无烟煤为还原剂，在 1200℃ 条件下焙烧，锡以 SnS 形式挥发的同时，铁氧化物被还原为磁铁矿，后续通过磨矿、磁选，将磁铁矿与脉石分离[73,74]。此方法在小型试验阶段获得了较好的锡铁分离效果，但其焙烧温度高，铁矿物还原为磁铁矿的过程难以控制，且高温焙烧过程中易产生熔融物，不利于后续铁矿物的回收，同时，磁选铁精矿中硫的含量较高，难以直接作为炼铁原料。

1.5 锡铁复合资源综合利用面临的主要问题

锡石是目前唯一的工业可用含锡矿物，其性质稳定，常规条件下很难与酸、碱反应，因此，还原熔炼法是目前唯一工业应用的锡提取冶金流程，如图 1-12 所示。包括以下主要步骤[1,75]：

（1）原生锡矿经采矿、选矿处理后，分别得到锡石精矿、锡中矿和含锡尾矿。

（2）锡石精矿熔炼之前需要进行预先除杂，首先采用氧化焙烧（850～950℃）处理，主要是将硫化物氧化脱除，同时脱除部分易挥发的 As、Sb 等，然后采用盐酸（盐酸浓度20%～25%，浸出温度90～110℃）浸出绝大部分 Fe、As、Sb、Pb、Bi、Ca、W、Cu 等元素。

（3）预处理后的锡石精矿与熔剂、还原剂等配矿后，进行高温熔炼（1100～1200℃），实现金属锡与渣相的分离，获得粗锡与冶炼渣，熔炼过程中不可避免会产生"硬头"。

（4）粗锡经火法精炼和电解精炼后，获得精炼锡，同步产生少量锡阳极泥。

（5）高温熔炼过程中，部分锡以气相形式挥发进入收尘系统，捕集后获得含锡烟尘，直接返回熔炼炉。

（6）选矿过程产生的含锡尾矿直接排入尾矿库，而锡中矿一般采用烟化挥发法处理，经收尘、捕集获得的含锡烟尘可送入熔炼炉进行处理。

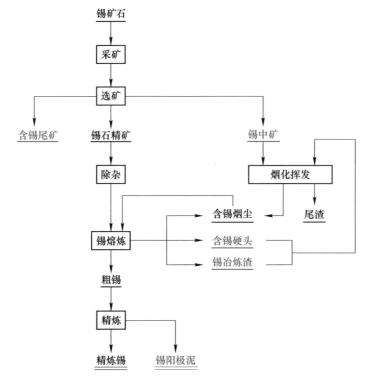

图 1-12 传统以原生锡矿为原料的锡提取冶金原则流程

已有学者对锡、铁氧化物的还原历程研究结果表明，锡、铁氧化物均呈现出逐级还原的规律，即 $Fe_2O_3 \rightarrow Fe_3O_4 \rightarrow FeO \rightarrow Fe$；$SnO_2 \rightarrow SnO \rightarrow Sn$[47,75~77]。在锡熔炼过程可能发生的锡、铁矿物同步还原历程如图 1-13 所示。

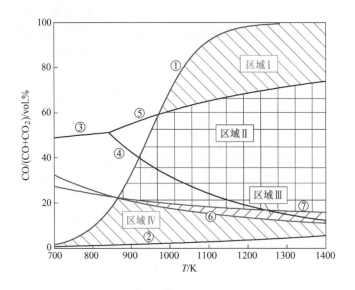

图 1-13　锡、铁氧化物 CO 还原气相平衡图

①—$C+CO_2 \rightleftharpoons 2CO$；②—$3Fe_2O_3+CO \rightleftharpoons 2Fe_3O_4+CO_2$；③—$Fe_3O_4+4CO \rightleftharpoons 3Fe+4CO_2$；

④—$Fe_3O_4+CO \rightleftharpoons 3FeO+CO_2$；⑤—$FeO+CO \rightleftharpoons Fe+CO_2$；⑥—$SnO_2+CO \rightleftharpoons SnO+CO_2$；⑦—$SnO+CO \rightleftharpoons Sn+CO_2$

由图 1-13 可以看出，锡、铁氧化物的平衡图可以分为 4 个主要区域：

区域Ⅰ：金属锡相和金属铁相的共存区，易形成锡铁合金相，主要发生在高炉冶炼过程锡铁合金形成和锡冶炼过程"硬头"形成过程；

区域Ⅱ：金属锡和 FeO 相共存区，锡冶炼目标区域，锡氧化物尽可能还原成金属相，铁氧化物形成 FeO 与硅钙脉石结合进入渣相；

区域Ⅲ：锡氧化物还原成 SnO 气相挥发，铁氧化物稳定在 FeO 或者 Fe_3O_4 阶段，在锡冶炼过程会造成锡烟化损失，利用此特性也可以实现烟化挥发法回收锡；

区域Ⅳ：SnO_2 和 Fe_3O_4 的稳定存在区，铁氧化物选择性还原为磁铁矿，锡仍稳定在 SnO_2 阶段，后续通过磁选分离回收铁矿物，实现锡、铁分选。

现有的锡、铁火法冶金过程均以图 1-13 热力学条件为基础。

锡、铁元素具有较强的亲和力，在成矿过程中锡、铁矿物容易形成紧密共生的锡铁复合资源，给选冶分离过程增加了难度。锡、铁矿物在选矿和冶炼分离过程的相互影响主要包括以下几个方面：

（1）锡石选矿阶段，锡、铁矿物的嵌布关系并没有从根本上改变，但浮选溶液体系中，锡石和铁氧化矿物均可以电离出阳离子，铁离子在消耗浮选药剂的同时，也会抑制药剂与锡石之间的作用，从而降低锡石回收率；

（2）锡石还原熔炼过程中，铁氧化物同步被还原，导致在消耗还原剂的同时，金属锡铁极易形成难处理的"硬头"合金，从而降低高温熔炼过程中锡的回收率，工业上，一般要求冶炼用含锡原料中铁的含量低于 10%；

（3）钢铁冶炼过程中，锡被视为影响钢材机械性能的主要有害元素之一，高炉还原过程中锡氧化物极易被还原为金属锡而进入铁水，工业上，一般要求冶炼用含铁原料中锡的含量低于 0.1%。

综上，锡、铁矿物从选矿到冶炼过程均存在相互不利的影响，采用现有物理选矿法、烟化挥发法和选冶联合法均无法实现锡铁复合资源的大规模综合利用。

锡作为我国四大战略金属之一，广泛应用于制备锡焊料、锡化工品、镀锡板等重要领域。虽然我国是精锡生产及消费第一大国，但国内锡矿资源日渐枯竭，保障年限已不足 15 年。此外，随着我国钢铁工业的迅猛发展，铁矿资源供应日趋紧张，铁矿对外依存度持续处于高位，2021 年超过 76%。锡矿与铁矿资源供需矛盾的问题已成为制约我国锡工业和钢铁工业持续稳定发展的瓶颈。

与此同时，国内储量丰富的锡铁复合资源（如含锡磁铁矿、含锡铁尾矿等）并未得到充分利用，其中赋存的锡、铁等资源具有极高的经济价值。在传统选矿或冶炼技术都无法满足经济、高效利用此类资源的大背景下，亟待开展锡铁复合资源高效综合利用基础研究，突破锡、铁组分高效分离与回收利用的技术瓶颈，并推动新技术的工业化应用，为我国锡工业和钢铁工业的可持续发展提供支撑。

参 考 文 献

[1] 黄位森. 锡 [M]. 北京：冶金工业出版社，2000：1-25，92-112，139-142，269，289.

[2] 彭容秋. 锡冶金 [M]. 长沙：中南大学出版社，2005：1-5，36-51.

[3] Wright P A. Extractive Metallurgy of Tin [M]. Amsterdan：Elsevier Scientific Publishing Company，1982：1-13，93-151.

[4] 秦民生. 非高炉炼铁 [M]. 北京：冶金工业出版社，1988：16-20.

[5] 黄希祜. 钢铁冶金原理 [M].3 版. 北京：冶金工业出版社，2002：99-134.

[6] 袁武华，王峰. 国内外易切削钢的研究现状和前景 [J]. 钢铁研究，2008（5）：56-62.

[7] 李联生，朱荣，郭汉杰，等. 含锡易切削钢的冶炼和性能研究 [J]. 特殊钢，2004（6）：10-12.

[8] 中南矿冶学院冶金研究室编. 氯化冶金 [M]. 北京：冶金工业出版社，1976：1-16.

[9] Colin R，Drowart J，Verhaegon G. Mass-spectrometric study of the vaporization of tin oxides [J]. Transactions of the Faraday Society，1965，61（7）：1364-1371.

[10] 戴永年. 我国锡冶金技术的发展 [J]. 有色金属（冶炼部分），1979（5）：8-12.

[11] 王克瑞. 炼锡烟化炉技术条件的合理控制 [J]. 有色金属（冶炼部分），1980（5）：7-11.

[12] 陈耀铭. 烧结球团矿微观结构 [M]. 长沙：中南大学出版社，2011：115-120.

[13] 傅菊英，姜涛，朱德庆. 烧结球团学 [M]. 长沙：中南工业大学出版社，1996：78-85.

[14] 邱冠周，姜涛，徐经沧，等. 冷固结球团直接还原 [M]. 长沙：中南大学出版

社，2001.

[15] 周红. 铁精矿冷固球团直接还原的机理研究 [D]. 长沙：中南工业大学，1998：193-203.

[16] 金属锡的国内外行业概况 [EB/OL]. http：//futures. jrj. com. cn/2015/03/22172218997096. shtml.

[17] International Tin Research Institute (ITRI) [EB/OL]. https：//www. itri. co. uk/about-itri.

[18] 2020 年中国金属锡供需与价格的走势分析 [EB/OL]. http：//www. chyxx. com/industry.

[19] 中国有色金属工业协会锡业分会 [EB/OL]. http：//www. chinatin. org/.

[20] USGS. Mineral Commodity Summaries [J]. U S Geological Survey，2000-2020.

[21] Yang C R，Tan Q Y，Zeng X L，et al. Measuring the sustainability of tin in China [J]. Science of the Total Environment，2018，635：1351-1359.

[22] 中国钢铁工业协会 [EB/OL]. http：//www. chinaisa. org. cn/gxportal/xfgl/portal/index. html.

[23] 中国钢铁工业年鉴编辑部. 中国钢铁工业年鉴 [R]. 中国钢铁工业协会，2000-2020.

[24] 徐宪立，刘显，闫艳玲，等. 世界锡矿时空分布规律及成矿作用 [J]. 矿产勘查，2020，11 (4)：671-678.

[25] 赵立群，王春女，张敏，等. 中国铁矿资源勘查开发现状及供需形势分析 [J]. 地质与勘探，2020，56 (3)：173-181.

[26] 张亚明，朱欣然，李为，等. 铁矿资源开发利用评价指标体系研究 [J]. 矿业研究与开发，2020 (9)：5.

[27] 王文忠. 复合矿综合利用 [M]. 沈阳：东北大学出版社，1994：1-27.

[28] 任治机. 含锡磁铁矿-矽卡岩的地球化学特征 [J]. 地球化学，1982 (3)：301-309.

[29] Ren Z J. Geochemical characteristics of tin-bearing magnetite-skarns [J]. Geochemistry，1984，3 (2)：115-127.

[30] Chen J，Halls C，Stanley C J. Tin-bearing skarns of South China：Geological setting and mineralogy [J]. Ore Geology Reviews，1992，7 (3)：225-248.

[31] 杨年强. 磁铁矿晶格中 Sn^{4+} 问题的研究 [J]. 矿物岩石，1982 (1)：20-33，134.

[32] 李洁兰. 广东鹿湖嶂锡多金属矿锡的赋存状态及工艺矿物学研究 [D]. 长沙：中南大学，2010.

[33] 周振华，刘宏伟，常帼雄，等. 内蒙古黄岗锡铁矿床夕卡岩矿物学特征及其成矿指示意义 [J]. 岩石矿物学杂志，2011，30 (1)：97-112.

[34] 周振华. 内蒙古黄岗锡铁矿床地质与地球化学 [D]. 北京：中国地质科学院，2011.

[35] 杨昌平. 云南麻栗坡新寨锡矿床地质特征及成矿预测 [D]. 昆明：昆明理工大学，2012.

[36] 张欢. 个旧超大型锡多金属矿床地球化学及成因 [D]. 北京：中国科学院研究生院 (地球化学研究所)，2005.

[37] 钱志宽，武俊德，康德明，等. 个旧锡石-赤铁矿-方解石脉型矿体地质特征及其研究意义 [J]. 矿物学报，2011 (3)：25-34.

[38] 中华人民共和国环境保护税法 (2016 年 12 月 25 日第十二届全国人民代表大会常务委员会第二十五次会议通过) [EB/OL]. http：//www. npc. gov. cn/npc/xinwen/ 2016-12/25/

content_ 2004993. htm.

[39] 仇云华, 许志安, 罗崇文. 云锡某锡尾矿锡铁综合回收选矿工艺研究 [J]. 有色金属 (选矿部分), 2011, 4: 38-42.

[40] 佘克飞, 陈钢, 刘建军, 等. 从香花岭尾矿库中回收锡石的研究与生产实践 [J]. 湖南 有色金属, 2007, 23 (3): 11-36.

[41] 尹意求. 广西锡矿资源的综合利用及可持续发展 [C]. 2009 (重庆) 中西部第二届有色 金属工业发展论坛, 2009: 60-63.

[42] 刘桠颖, 毕献武, 武丽艳, 等. 柿竹园千吨尾矿库尾矿中锡的赋存状态研究 [J]. 矿物 岩石地球化学通报, 2009, 29 (4): 344-348.

[43] 尹冰, 刘国文. 论湖南郴州地区尾矿资源化与管理 [C]. 中国实用矿山地质学 (下册), 2010: 299-300.

[44] 商云涛. 个旧锡矿尾矿库地球化学特征及环境影响分析 [D]. 北京: 中国地质大 学, 2012.

[45] 潘含江, 程志中, 杨榕, 等. 云南个旧锡多金属矿区尾矿元素地球化学特征 [J]. 中国 地质, 2015, 42 (4): 1137-1150.

[46] 张元波, 陈丽勇, 李光辉, 等. 含锡锌铁矿的矿物学性及其综合利用新技术 [J]. 中南 大学学报 (自然科学版), 2011, 42 (6): 1501-1508.

[47] 张元波. 含锡锌复杂铁精矿球团弱还原焙烧的物化基础及新工艺研究 [D]. 长沙: 中南 大学, 2006.

[48] 梁中渝. 炼铁学 [M]. 北京: 冶金工业出版社, 2009: 50-55.

[49] 雷亚. 炼钢学 [M]. 北京: 冶金工业出版社, 2010: 1-5.

[50] Angadi S I, Sreenivas T, Jeon H S, et al. A review of cassiterite beneficiation fundamentals and plant practices [J]. Minerals Engineering, 2015, 70: 178-200.

[51] 杨波, 张艮林, 马娟, 等. Knelson 离心选矿机回收锡尾矿中锡石的可行性分析 [J]. 昆 明冶金高等专科学校学报, 2014, 30 (5): 1-4.

[52] 孙广周, 王德英, 曾茂青. 细粒嵌布难选锡尾矿二次资源综合回收利用 [C]. 第五届全 国成矿理论与找矿方法学术讨论会, 2011: 728-729.

[53] Balachandran S B, Simkovich G, Aplant F F. The influence of point defects on the floatability of cassiterite, I. properties of synthetic and natural cassiterites [J]. International Journal of Mineral Processing, 1987, 21: 157-171.

[54] Balachandran S B, Simkovich G, Aplant F F. The influence of point defects on the floatability of cassiterite, III. the role of collector type [J]. International Journal of Mineral Processing, 1987, 21: 185-203.

[55] 曾清华, 赵宏, 王淀佐. 锡石浮选中捕收剂和金属离子的作用 [J]. 有色金属, 1998, 50 (4): 21-25.

[56] Ek C, 邱京旺. 某些离子和药剂对锡石浮选的影响 [J]. 矿产综合利用, 1989 (6): 27-32.

[57] 管则皋, 苏志堃, 张颐, 等. 锡铁矿选矿工艺的研究 [J]. 广东有色金属学报, 2006,

16 (3)：155-159.

[58] 徐阳宝. 锡石多金属硫化矿选矿工艺及机理研究 [D]. 长沙：中南大学, 2011.

[59] 王明燕, 肖仪武, 金建文, 等. 柿竹园30号矿体铜锡多金属矿工艺矿物学研究 [C]. 矿山深部找矿理论与实践暨矿山工艺矿物学研究学术交流会, 2012：318-321.

[60] 戴永年. 含锡物料烟化过程的分析 [J]. 有色金属 (冶炼部分), 1965 (1)：38-40.

[61] 戴永年. 含锡物料烟化过程的分析 (续) [J]. 有色金属 (冶炼部分), 1965 (2)：43-45.

[62] 李学鹏, 尹久发. 氯化挥发回收含锡尾矿中的有价金属 [J]. 有色金属 (冶炼部分), 2012 (9)：11-13.

[63] 邱在军, 李磊, 王华, 等. 含锡铁精矿硫化焙烧脱锡的反应特征 [J]. 过程工程学报, 2012, 12 (6)：957-961.

[64] 陈丽勇. 含锡铁矿还原焙烧锡铁分离的基础研究 [D]. 长沙：中南大学, 2010.

[65] 贾志鹏. 含锡锌砷铁精矿球团金属化还原与同步分离锡锌砷的研究 [M]. 长沙：中南大学, 2012.

[66] 苏子键. 含锡铁矿还原焙烧脱锡的行为研究 [D]. 长沙：中南大学, 2014.

[67] 姜涛, 黄艳芳, 张元波, 等. 含砷铁精矿球团预氧化-弱还原焙烧过程中砷的挥发行为 [J]. 中南大学学报 (自然科学版), 2010 (1)：1-7.

[68] 韩桂洪, 张元波, 姜涛, 等. 含锡锌铁精矿链箅机-回转窑法制备炼铁用球团矿的研究 [J]. 钢铁, 2009, 6 (44)：8-13.

[69] 童雄, 周永诚, 吕晋芳, 等. 焙烧-凝聚-磁选工艺回收云锡脉锡型尾矿中的锡和铁 [J]. 中国有色金属学报, 2011, 21 (7)：1696-1704.

[70] 周永诚. 氧化型脉锡尾矿锡铁综合回收的新工艺与机理研究 [D]. 昆明：昆明理工大学, 2014.

[71] Tong X, Zhou Y C, Lv J F, et al. Recovering tin and iron from veintin tailings in Yunnan tin group by roasting-cohesion-magnetic separation technology [J]. The Chinese Journal of Nonferrous Metals, 2011, 21 (7)：1696-1704.

[72] Zhou Y C, Tong X, Song S X, et al. Beneficiation of cassiterite and iron minerals from a tin tailing with magnetizing roasting-magnetic separation process [J]. Separation Science and Technology, 2013, 48：1426-1432.

[73] 廖彬. 锡铁矿硫化-磁化焙烧法回收铁资源试验研究 [D]. 昆明：昆明理工大学, 2014.

[74] 秦晋, 李磊, 廖彬, 等. 高硫煤硫化磁化复合焙烧锡铁矿脱锡的热力学分析 [J]. 材料导报, 2014 (s2)：391-394.

[75] 云南锡业公司本书编写组. 锡冶金 [M]. 北京：冶金工业出版社, 1977：20-25.

[76] Mitchell A R, Parker R H. The reduction of SnO_2 and Fe_2O_3 by solid carbon [J]. Minerals Engineering, 1988, 1 (1)：53-66.

[77] Van Deventer J S J V. The effect of admixtures on the reduction of cassiterite by graphite [J]. Thermochimica Acta, 1988, 124：109-118.

2 锡铁复合资源特性多尺度表征

本书所涉及的典型锡铁复合资源包括以下3类：含锡磁铁精矿、褐铁矿型含锡尾矿、磁铁矿型含锡尾矿。本章介绍了3种锡铁复合资源特性的多尺度表征结果。

2.1 含锡磁铁矿

磁铁矿型铁锡矿是我国典型的难处理复杂共生铁矿，此类资源分布广泛，经过简单的磨矿、磁选可得到较高品位的磁铁精矿，但其中锡的含量仍较高（一般在0.2%以上），不能直接作为炼铁原料。本节主要介绍国内最具代表性的两个矿区的含锡磁铁精矿的基本特性，样品分别来自内蒙古黄岗地区的含锡锌磁铁精矿和云南麻栗坡地区的含锡磁铁精矿，二者在地质带分别归属于内蒙古-大兴安岭锡矿带和滇西锡矿带[1]。

2.1.1 主要理化性质

内蒙古黄岗磁铁精矿和云南麻栗坡磁铁精矿的主要化学成分见表2-1[2~5]。两种铁精矿中的铁品位分别高达65.95wt.%和64.48wt.%，TFe/FeO比值分别为2.30和2.62（均小于2.70），表明二者均为原生磁铁矿。两种磁铁矿中均夹杂有少量硅、钙、镁、铝等杂质元素，值得关注的是精矿中锡含量分别达到0.35wt.%和0.23wt.%，远高于高炉炼铁用含铁炉料中锡的含量应低于0.10wt.%的基本要求。

表 2-1　含锡磁铁精矿的主要化学成分及含量　　　　　（wt.%）

种类	TFe	FeO	Sn	SiO$_2$	Al$_2$O$_3$	CaO	MgO	P	S
黄岗磁铁精矿	65.95	28.62	0.35	3.11	0.93	1.84	0.55	0.02	0.05
麻栗坡磁铁精矿	64.48	24.65	0.23	4.40	0.87	2.49	0.69	0.01	0.07

采用化学物相分析法分析了含锡磁铁精矿中锡的主要化学物相[7~12]，结果见表2-2。结果表明，锡石（SnO$_2$）仍然是含锡磁铁矿中锡的主要物相，此外还有部分锡以非锡石相形式存在，在黄岗磁铁精矿中，非锡石相锡占有率高达43.1wt.%；麻栗坡磁铁精矿中，非锡石相占有率也达到29.1wt.%。

表 2-2　含锡磁铁精矿中锡的化学物相分析及其分布率

项　目	锡石相锡		非锡石相锡	
	含量/wt. %	占有率/wt. %	含量/wt. %	占有率/wt. %
黄岗磁铁精矿	0.206	56.9	0.144	43.1
麻栗坡磁铁精矿	0.164	70.9	0.067	29.1

2.1.2　工艺矿物学特性

采用 XRD 分析两种含锡磁铁精矿的主要矿物组成，结果如图 2-1 所示。结果表明，两种精矿中主要载铁矿物都是磁铁矿，XRD 图谱仅发现磁铁矿和石英的衍射峰，其他脉石组分以及含锡矿物因含量较低，XRD 物相分析结果中并未显示出相应的衍射峰。

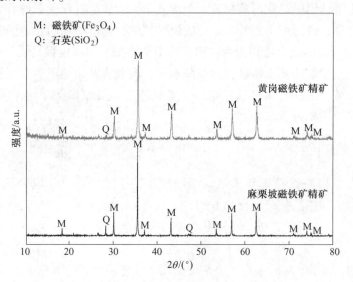

图 2-1　典型含锡磁铁精矿的 XRD 分析图

进一步采用电子探针检测磁铁精矿中锡的赋存形式，结果如图 2-2 和图 2-3 所示。从图中可以看出，在磁铁矿颗粒中有少量细粒级锡石夹杂或包裹；另外，电子探针面扫描分析表明（见图 2-2（b）和图 2-3（b）），还有部分锡以稀散状分布在磁铁矿晶格中，其中锡的含量为 0.05wt. % ~ 0.30wt. %，但在磁铁矿颗粒内部并没有发现独立的含锡矿物。通过面扫描结果可知，黄岗磁铁精矿中晶格取代锡含量约为 0.156wt. %，在麻栗坡磁铁精矿中晶格取代锡含量约为 0.087wt. %，该检测结果与表 2-2 中测定的非锡石相中锡的含量基本一致，说明磁铁精矿中非锡石相锡主要以磁铁矿中晶格取代锡的形式存在，这也是传统锡石或铁锡矿的物理选矿过程中，无法高效分离铁、锡矿物的主要原因。

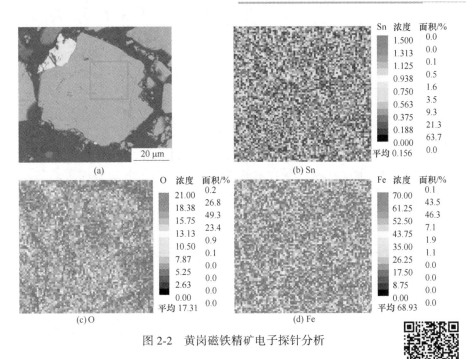

图 2-2 黄岗磁铁精矿电子探针分析

彩色原图

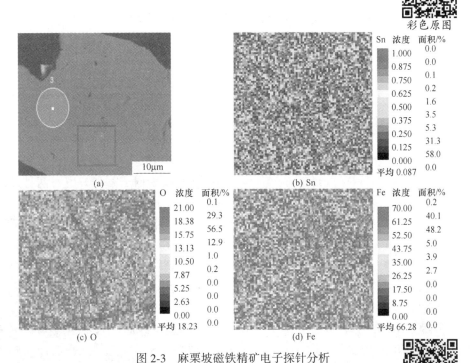

图 2-3 麻栗坡磁铁精矿电子探针分析

彩色原图

2.2 褐铁矿型含锡尾矿

云南个旧地区的含锡铁尾矿储量高达 2.5 亿吨以上，是我国最具代表性的褐铁矿型含锡尾矿资源。

2.2.1 主要理化性质

样品取自云南个旧某老尾矿库，其主要化学成分见表 2-3。可以看出，该尾矿的 TFe 品位达 40.15wt.%，锡含量高达 1.13wt.%，回收价值极高；主要脉石组分为 CaO 和 MgO，其含量分别为 14.75wt.% 和 5.72wt.%；烧损为 15.67%，说明其中含有大量结晶水或碳酸盐等物质[13~17]。

表 2-3　褐铁矿型含锡尾矿的主要化学成分及含量 　　　　　　（wt.%）

Fe_{total}	FeO	SiO_2	Al_2O_3	CaO	MgO	Sn	P	S	LOI[①]
40.15	1.56	1.74	1.23	14.75	5.72	1.13	0.03	0.05	15.67

①LOI—烧损。

该尾矿中锡的主要化学物相分析结果见表 2-4，表明 98.23wt.% 的锡以锡石物相存在于尾矿中，而非锡石相锡的占有率仅为 1.77wt.%。

表 2-4　褐铁矿型含尾矿中锡的化学物相分析及其分布率

项　目	锡石相锡	非锡石相锡	总量
含量/wt.%	1.11	0.02	1.13
占有率/wt.%	98.23	1.77	100.00

2.2.2 工艺矿物学特性

采用 XRD 分析了尾矿的主要矿物组成，如图 2-4 所示。结果表明，该尾矿的主要载铁矿物为褐铁矿（FeO(OH)），主要脉石矿物为白云石和方解石两种碳酸盐，在高温条件下，尾矿中的结晶水和碳酸盐会发生分解，导致样品烧损较高。

对尾矿样品进行水筛粒度分析，结果见表 2-5。可以看出，该尾矿粒度较细，−74μm 和 −45μm 的粒级分别占 67.53wt.% 和 56.50wt.%。各粒级尾矿样品的主要化学成分分析结果表明，锡、铁、钙元素在不同粒级中的分布率有明显差异，其中锡在 −45μm 粒级中的含量较高，而 −30μm 粒级中的锡含量高达 1.731wt.%；铁元素含量在各粒级中的含量呈现相反趋势，在 +45μm 的粗粒级中含量更高。主要原因是由于锡石性脆，在磨矿过程中易产生过粉碎而进入细粒级尾矿中富集。比较而言，白云石和方解石的莫氏硬度分别为 3.5~4.0 和 3.0，而针铁矿硬度为 5~5.5。因此，在磨矿过程中，白云石和方解石更易被磨细进入细粒级中，这也导致粗粒级中铁的含量更高、钙的含量较低。

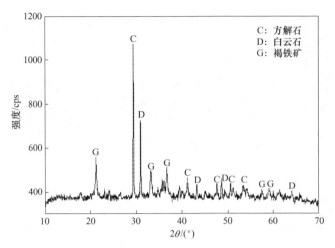

图 2-4　褐铁矿型含锡尾矿的 XRD 分析图

表 2-5　褐铁矿型含锡尾矿中锡、铁、钙组分在各粒级中的分布情况

粒度分布 /μm	产率 /wt. %	Sn		Fe		Ca	
		含量/wt. %	分布率/%	含量/wt. %	分布率/%	含量/wt. %	分布率/%
+150	17.71	0.587	9.20	61.49	23.65	4.56	7.65
74~150	14.76	0.677	8.84	63.55	20.37	4.19	5.86
45~74	11.03	0.697	6.80	46.01	11.02	9.68	10.12
37~45	9.58	1.001	8.49	42.58	8.86	10.78	9.79
30~37	8.75	1.058	8.19	36.34	6.91	12.90	10.70
-30	38.17	1.731	58.47	35.21	29.19	15.45	55.88
总计	100	1.130	100	46.06	100	10.55	100

采用光学显微镜并运用 SEM-EDS 分析，对尾矿的微观结构特征、主要矿物组分的嵌布关系进行了表征，结果如图 2-5 和图 2-6 所示。

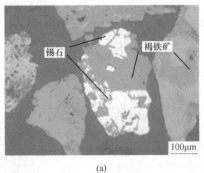

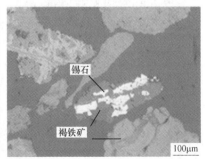

(a)　　　　　　　　　　　　　(b)

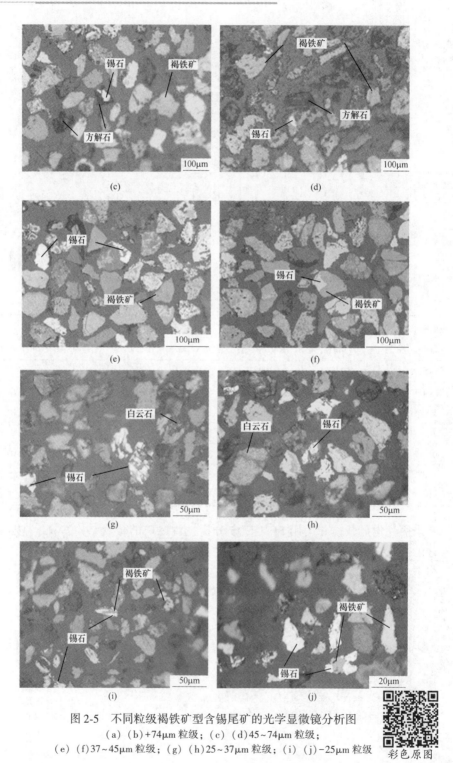

图 2-5 不同粒级褐铁矿型含锡尾矿的光学显微镜分析图
（a）（b）+74μm 粒级；（c）（d）45~74μm 粒级；
（e）（f）37~45μm 粒级；（g）（h）25~37μm 粒级；（i）（j）-25μm 粒级

彩色原图

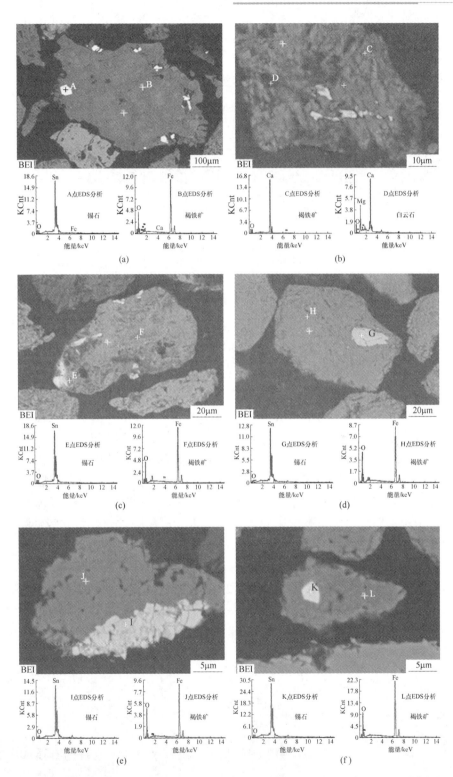

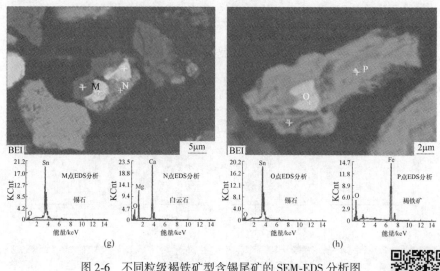

图 2-6　不同粒级褐铁矿型含锡尾矿的 SEM-EDS 分析图

（a）+74μm 粒级；（b）（c）45～74μm 粒级；

（d）（e）25～45μm 粒级；（f）～（h）-25μm 粒级

彩色原图

从图 2-5 和图 2-6 可以看出，在 +37μm 的粒级中，未发现单体解离的锡石颗粒，而在 -25μm 的粒级中，发现有少量单体锡石颗粒，且仍有部分 10μm 以下粒级的锡石未与脉石和针铁矿解离。锡石多以 -20μm 的微细粒级嵌布、包裹或半包裹于针铁矿、方解石、白云石中，这是由于针铁矿与方解石、白云石在硬度上的差异，使得与这类矿物紧密共生的细粒级锡石的解离更加困难。因选矿技术和设备的限制，工业上采用重选、浮选等工艺流程，仅能回收 +20μm 且解离情况良好的粗粒级锡石颗粒，绝大部分 -20μm 的细粒级锡石仍然残留在尾矿中难以回收，这也是尾矿中锡、铁、钙等元素在不同粒级中存在偏析的重要原因。

上述分析结果表明，个旧地区的含锡尾矿中，大量锡石以微细粒形式存在，很难通过磨矿实现单体解离，且采用多段磨矿易导致锡石过粉碎、泥化等，更不利于锡石回收。在现有锡石选矿工艺流程中，基本未考虑弱磁性铁氧化矿物的回收，因而大量含铁矿物随尾矿丢弃，造成了铁资源的浪费。若考虑回收尾矿中的含铁矿物，首先必须破坏尾矿中锡、铁、钙等矿物紧密共生的嵌布关系。

2.3　磁铁矿型含锡尾矿

2.3.1　主要理化性质

云南麻栗坡地区锡铁复合矿中的载铁矿物主要是磁铁矿，在锡石浮选之前若采用磁选除铁，会导致大量锡石随磁铁矿被选出，造成锡的损失，因此现场锡石浮选流程中基本不考虑回收铁矿物，导致大量磁铁矿随含锡尾矿而丢弃[17~20]。

麻栗坡磁铁矿型含锡尾矿的主要化学成分见表 2-6。可以看出，尾矿中铁、锡元素的含量分别为 38.82wt.% 和 0.358 wt.%，其中主要杂质元素 SiO_2 和 CaO 含量分别为 18.85wt.% 和 10.46wt.%。

表 2-6 磁铁矿型含锡尾矿的主要化学成分及含量 （wt.%）

TFe	FeO	SiO_2	Al_2O_3	CaO	MgO	Sn	S	LOI[①]
38.82	15.32	18.85	4.30	10.46	2.01	0.358	0.15	4.37

① LOI—烧损。

尾矿中锡的主要化学物相分析结果见表 2-7。可以看出，尾矿中的非锡石相含量较高，其含量和分布率分别为 0.113wt.% 和 31.56wt.%。

表 2-7 磁铁矿型含锡尾矿中锡的主要化学物相及其分布率

项　　目	锡石相	非锡石相锡	总量
含量/wt.%	0.245	0.113	0.358
占有率/wt.%	68.44	31.56	100.00

2.3.2 工艺矿物学特性

尾矿的 XRD 物相分析结果如图 2-7 所示，可以看出，其中主要载铁矿物是磁铁矿，主要脉石矿物是石英、钙铁/钙铝石榴子石等，并未发现含钙碳酸盐的衍射峰。

该尾矿的水筛粒度分析结果以及锡、铁、钙元素在各个粒级的分布见表 2-8。从中可以看出，尾矿中 $-74\mu m$ 和 $-45\mu m$ 的粒级占有率分别为 78.26wt.% 和 52.24wt.%；$-25\mu m$ 的粒级中锡的含量达到 0.468wt.%，而在 $+150\mu m$ 的粒级中锡的含量仅为 0.211wt.%。锡元素在不同粒级中的偏析是由于锡石性脆，在磨矿过程中易过粉碎导致的。为尽可能实现锡矿中锡石颗粒的单体解离，多段磨矿是必需的，但是多段磨矿同时过粉碎现象也无法避免，导致微细粒级锡石回收困难，因而在细粒级尾矿中所占比例也相对增加。结合 XRD 物相分析结果可知，尾矿的主要物相组成是磁铁矿（莫氏硬度 5.5~6.5）、石榴子石（莫氏硬度6.5~7.5）和石英（莫氏硬度 7~7.5），显然磁铁矿在磨矿过程中更易被磨细，因而在细粒级尾矿中铁元素的含量略高。

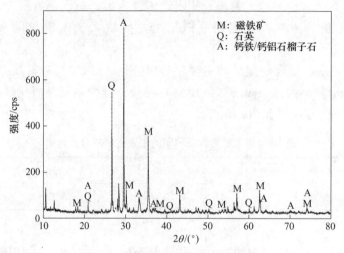

图 2-7　磁铁矿型含锡尾矿 XRD 图

表 2-8　磁铁矿型含锡尾矿中锡、铁、钙在各粒级中的分布情况

粒度分布 /μm	含量 /wt. %	Sn		Fe		Ca	
		含量 /wt. %	分布率 /%	含量 /wt. %	分布率 /%	含量 /wt. %	分布率 /%
+150	5.21	0.211	3.07	36.11	4.85	13.32	6.63
74~150	16.53	0.302	13.94	37.46	15.95	12.11	19.14
45~74	26.02	0.337	24.49	37.65	25.24	11.44	28.46
37~45	12.78	0.323	11.53	38.30	12.61	9.92	12.12
25~37	14.59	0.355	14.47	38.21	14.36	10.31	14.38
-25	24.87	0.468	32.50	42.13	28.68	8.11	19.28
总计	100	0.358	100	38.82	100	10.46	100

　　运用 SEM-EDS 查明了该尾矿中含锡、铁矿物的嵌布共生关系，结果如图 2-8 所示。从图 2-8 可以看出，尾矿中的磁铁矿与脉石矿物（主要是石榴子石）紧密嵌布，大量以连生、伴生体形式存在，而大量细粒级锡石被紧密包裹在磁铁矿、石榴子石颗粒内部，仅在 -20μm 的粒级中可以发现部分呈单体解离的微细粒锡石颗粒，但仍有一定量锡石在磁铁矿颗粒中的嵌布粒度小于 5μm。EDS 元素分析结果表明，尾矿中的石榴子石主要为钙铁石榴子石和钙铝石榴子石两种。

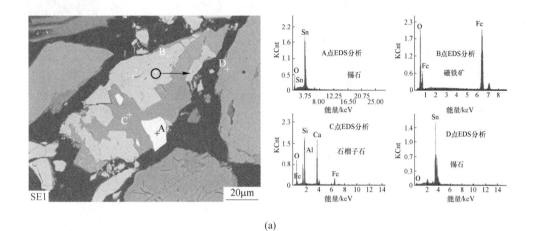

(a)

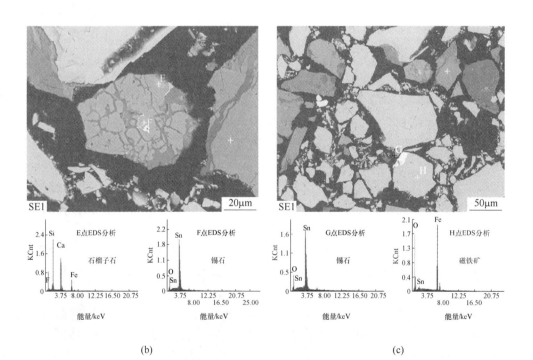

(b)   (c)

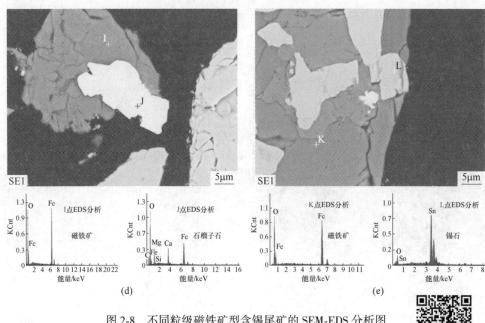

图 2-8　不同粒级磁铁矿型含锡尾矿的 SEM-EDS 分析图
(a)+74μm 粒级；(b)(c)45~74μm 粒级；
(d)(e)-45μm 粒级

彩色原图

由化学物相分析可知，尾矿中的锡以非锡石相占有率高达 31.56wt.%。但通过 XRD 和 SEM 分析并未发现除锡石之外的独立含锡矿物存在，因此，进一步采用电子探针对尾矿进行分析，结果如图 2-9 所示。可以看出，在该尾矿已单体解离的磁铁矿颗粒中，并未发现明显的锡富集区域，进一步证实磁铁矿颗粒中不存在独立的含锡矿物。电子探针分析结果（见图 2-9（a）中 A、B、C 和 D 点）表明，进入磁铁矿晶格内部的锡含量为 0.21wt.%~0.29wt.%。进而对磁铁矿颗粒内部锡元素进行了面扫描分析，由图 2-9（b）可以看出，锡元素以稀散状形式赋存于磁铁矿颗粒中，其平均含量在 0.2wt.%~0.3wt.%，与电子探针分析结果一致。

结合已有文献报道可知，此种形式存在的锡是以 Sn^{4+} 形式存在于磁铁矿晶格中，化学式可表示为 $Fe_{3-x}Sn_xO_4$（$x=0~1.0$），根据电子探针分析结果估算，该尾矿中以晶格取代形式存在的锡含量为 $x=0.004~0.006$。此部分晶格取代锡，不可能通过物理选矿方法实现与含铁矿物的分离，因而在磁选过程中，这部分锡将随铁矿物一起进入磁铁精矿，从而导致铁精矿中锡含量超过 0.10wt.%，不能直接作为炼铁原料。

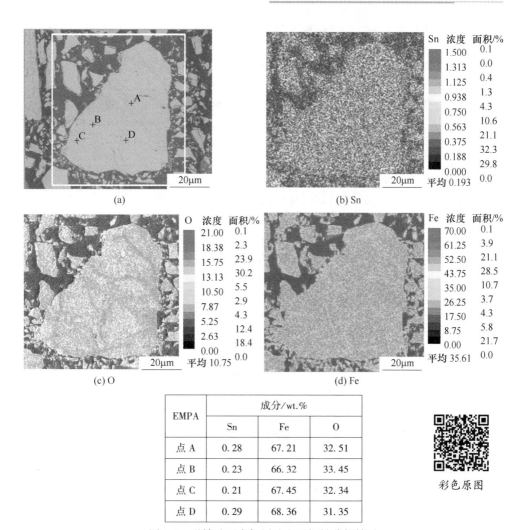

图 2-9　磁铁矿型含锡尾矿电子探针分析结果

EMPA	成分/wt.%		
	Sn	Fe	O
点 A	0.28	67.21	32.51
点 B	0.23	66.32	33.45
点 C	0.21	67.45	32.34
点 D	0.29	68.36	31.35

彩色原图

参 考 文 献

[1] 黄位森. 锡 [M]. 北京：冶金工业出版社，2000：1-25，92-112，139-142，269，289.

[2] 张元波. 含锡锌复杂铁精矿球团弱还原焙烧的物化基础及新工艺研究 [D]. 长沙：中南大学，2006.

[3] 陈丽勇. 含锡铁矿还原焙烧锡铁分离的基础研究 [D]. 长沙：中南大学，2010.

[4] 贾志鹏. 含锡锌砷铁精矿球团金属化还原与同步分离锡锌砷的研究 [D]. 长沙：中南大学，2012.

[5] 苏子键. 含锡铁矿还原焙烧脱锡的行为研究 [D]. 长沙：中南大学，2014.

[6] 张元波，陈丽勇，李光辉，等. 含锡锌铁矿的矿物学特性及其综合利用新技术 [J]. 中南大学学报（自然科学版），2011（6）：1501-1508.

［7］ Ren Z. Geochemical characteristics of tin-bearing magnetite-skarns ［J］. Geochemistry, 1984, 3 (2): 115-127.

［8］ 蔡琼珍, 康永莉. 广西某锡矿区锡物相分析方法的研究-硫化物相、水锡石相、硅酸盐相、锡石相的测定 ［J］. 矿产与地质, 1985 (2): 55-61.

［9］ 赖来仁, 李艺. 矽卡岩锡矿石中锡的赋存状态与锡物相 ［J］. 矿产与地质, 1999 (2): 86-90.

［10］ 张晋禄, 戈保梁, 伏彦雄, 等. 某多金属硫化矿锡的工艺矿物学研究 ［J］. 矿冶, 2016, 25 (3): 83-88.

［11］ Donaldson J D, Moser W. Volumetric analysis of stannous and total tin in acid-soluble tin compounds ［J］. Analyst, 1959, 84 (994): 10-15.

［12］ Mcmaster C H. Determination of acid-soluble and acid-insoluble tin in tough-pitch copper using wet chemical techniques ［J］. Analytical Chemistry, 1969, 41 (11): 1489-1491.

［13］ 陈军. 高钙型锡铁尾矿磁化焙烧-磁选分离锡铁研究 ［D］. 长沙: 中南大学, 2016.

［14］ Su Z J, Zhang Y B, Chen J, et al. Selective separation and recovery of iron and tin from high calcium type tin- and iron-bearing tailings using magnetizing roasting followed by magnetic separation ［J］. Separation Science and Technology, 2016, 51 (11): 1900-1912.

［15］ Su Z J, Zhang Y B, Chen Y M, et al. Phase transformation process of high calcium type tin-, iron-bearing tailings during magnetizing roasting process ［C］. TMS 2017, 8th International Symposium on High Temperature Metallurgical Processing, 2017: 279-287.

［16］ Chen J, Su Z J, Zhang Y B, et al. Research on recovery of iron oxide from iron, tin-bearing tailings by magnetizing roasting followed by magnetic separation ［C］. TMS 2016, 7th International Symposium on High Temperature Metallurgical Processing, 2016: 395-402.

［17］ 苏子键. $CO-CO_2$ 气氛下锡石与铁、钙、硅氧化物的反应机制及应用研究 ［D］. 长沙: 中南大学, 2017.

［18］ 陈迎明. 添加剂强化磁铁矿型含锡尾矿焙烧分离锡铁的研究 ［D］. 长沙: 中南大学, 2017.

［19］ 张元波, 陈迎明, 苏子键, 等. 磁铁矿型含锡尾矿活化焙烧-磁选分离锡铁的研究 ［J］. 矿冶工程, 2017, 37 (4): 65-68.

［20］ Zhang Y B, Wang J, Cao C T, et al. New understanding on the separation of tin from magnetite-type, tin-bearing tailings via mineral phase reconstruction processes ［J］. J. Mater. Res. Technol., 2019, 8 (6): 5790-5801.

3 锡铁复合资源主要组分活化焙烧原理与反应机制

3.1 引言

工艺矿物学研究表明，锡铁复合资源中的锡主要以锡石和非锡石相（主要为晶格取代锡）形式存在，而铁主要以磁铁矿、褐铁矿或赤铁矿形式存在，且含锡、铁矿物与脉石矿物之间的共生关系复杂，尤其是部分细粒级锡石紧密嵌布或包裹于铁氧化矿物中，部分锡进入铁氧化物晶格发生类质同象取代，导致主要组分矿物间的物理、化学性质差别不明显，难以有效分离回收。

已有研究曾采用烟化挥发法、还原熔炼法等处理高品位含锡资源并取得较好的应用效果，主要是控制锡氧化物的还原历程来实现锡与其他组分的分离。然而，采用该类方法处理组分嵌布关系复杂的锡铁复合资源，根本无法实现锡、铁组分的高效分离和回收。

现代矿物加工理论与技术体系是基于不同矿物的物理性能（粒度、形态、磁性等）和化学性能（氧化、还原、溶解性等）差异而构建的。根据现代矿物加工分离理论，欲实现锡铁复合资源中锡、铁组分的有效分离与回收，首先必须借助外部能量场改变含锡、铁矿物的自身性质及其与其他组分矿物间的嵌布关系，并扩大与脉石矿物间物理、化学特性的差异，为锡、铁组分的有效分离和回收创造物质条件。

中南大学"复杂矿产资源综合利用"研究团队在前期研究过程中发现，采用单一形式能量场难以满足锡、铁组分高效分离的要求，必须同时借助两种或两种以上的能量场来协同强化分离回收效果。在此基础上，创新性地提出了"采用固态还原焙烧（热力场）与化学添加剂（化学能）对锡、铁组分矿物性能进行定向调控"的研究思路，即采用"热化学活化焙烧"方法，通过焙烧温度、气氛、添加剂的协同作用，调控主要组分矿物性能和元素迁移行为，首先实现锡、铁组分矿物由不可分离到可分离的定向转化，后续通过磨矿、磁选等物理分离方法强化锡、铁矿物之间的解离，从而实现锡、铁组分的高效分离和回收。

自 2003 年开始，作者持续开展了基于热化学活化焙烧的锡铁复合资源综合利用基础理论与新技术研究。本章首先阐述了锡、铁氧化物的还原热力学和动力学特性，进而阐述了不同气氛下锡、铁、钙、硅等氧化物间的反应行为，以及锡掺杂磁铁矿（$Fe_{3-x}Sn_xO_4$）与钙、硅氧化物的反应机制。

3.2 锡、铁氧化物还原热力学

CO-CO_2气氛下锡、铁氧化物以及锡中间氧化物（如 $SnO(g)$ 等）的还原反应中有气体参与，气体分压对反应平衡有显著影响。本节首先介绍了不同气相分压条件下反应的吉布斯自由能关系计算方法[1,2]。

本书热力学数据主要来源于 FactSage8.0 和 HSC9.0 热力学软件，首先查明各物质的标准吉布斯自由能，再根据反应平衡方程计算标准吉布斯自由能 $\Delta G^{\ominus}$，以此判断反应的自发进行程度。当 $\Delta G_T^{\ominus} = 0$ 时，反应达到平衡；当 $\Delta G_T^{\ominus} < 0$ 时，反应自发正向进行；当 $\Delta G_T^{\ominus} > 0$ 时，反应逆向进行。

在实际体系，反应热力学平衡关系中 $\Delta G_T^{\ominus}$ 与标准平衡常数 $K^{\ominus}$ 关系满足：

$$\Delta G_T = \Delta G_T^{\ominus} + RT\ln K^{\ominus} \tag{3-1}$$

当反应处于平衡状态时，其中 $\Delta G_T = 0$，则通过上式可得到：

$$-RT\ln K^{\ominus} = \Delta G_T^{\ominus} \tag{3-2}$$

对挥发反应以物质 M 为例可以表示为：

$$M(s) = M(g) \tag{3-3}$$

固体纯物质热力学标准状态条件下，活度常数取为 1，在此条件下，反应平衡常数仅与反应气体分压有关，标准平衡常数可以表示为：

$$K = p_{M(g)} = \frac{p'_{M(g)}}{p^{\ominus}} \tag{3-4}$$

式中，$p_{M(g)}$ 表示气体平衡分压即气相标准蒸气压；$p'_{M(g)}$ 表示气体实际分压；$p^{\ominus}$ 表示体系总压强，以下计算仅考虑标准条件下物质反应，因此体系总压强为一个标准大气压（1atm，即 0.1MPa，以下热力学计算中分压的单位为 atm）。根据式（3-2）~式（3-4）可以推导出物质蒸气压与温度关系为：

$$p'_{M(g)} = e^{-\frac{\Delta G_T^{\ominus}}{RT}} p^{\ominus} \tag{3-5}$$

对 CO-CO_2 气相参与的金属氧化物还原反应式为：

$$MO_n(s) + CO \Longrightarrow MO_{n-1}(s) + CO_2 \tag{3-6}$$

当金属氧化物 MO_n 和 MO_{n-1} 均为纯凝聚相（即活度系数均为1），影响反应的仅有反应温度和体系气相组成，反应的平衡常数为：

$$K^{\ominus} = \frac{p_{CO_2}}{p_{CO}} = \frac{\%CO_2}{\%CO} \tag{3-7}$$

式中，p_{CO_2} 和 p_{CO} 分别表示 CO_2 和 CO 的平衡分压；$\%CO_2$ 和 $\%CO$ 表示气体百分含量，考虑此体系下仅 CO 和 CO_2 存在以下关系：

$$\%CO_2 + \%CO = 100 \tag{3-8}$$

根据式（3-1）~式（3-8）可以计算得到 XO_n 还原成 XO_{n-1} 的 $CO/(CO+CO_2)-T$ 平衡曲线。

对金属氧化物 $CO-CO_2$ 还原产物中有新生成气体的反应如 $SnO(g)$、$Zn(g)$ 等，反应表示为：

$$MO_n(s) + CO(g) \Longrightarrow MO_{n-1}(g) + CO_2(g) \tag{3-9}$$

此时，考虑固相反应物 MO_n 为凝聚相（活度为1），反应平衡常数 $K^\ominus$ 与气相平衡分压的关系式为：

$$K^\ominus = \frac{p_{CO_2} p_{MO_{n-1}}}{p_{CO}} \tag{3-10}$$

考虑气相 MO_{n-1} 分压为 Q 时，可以得到反应的非标准吉布斯自由能 ΔG_T 关系式为：

$$\Delta G_T = -RT\ln \frac{p_{CO_2}Q}{p_{CO}} = \Delta G_T^\ominus + RT\ln Q \tag{3-11}$$

根据式（3-11）可以计算出不同气相 MO_{n-1} 分压时反应的 $\Delta G_T - T$ 关系。在实际体系，气相组成满足以下关系：

$$\%CO_2 + \%CO + \%MO_{n-1} = 100 \tag{3-12}$$

通过联立式（3-10）~式（3-12）可得到不同气相 MO_{n-1} 分压条件下，MO_n 还原成 MO_{n-1} 的 $CO/(CO+CO_2)-T$ 平衡曲线。本书中所有 $CO/(CO+CO_2)$ 浓度含量均用 CO 的含量表示。

3.2.1 锡氧化物

结合已有研究基础可知，SnO_2 还原成 $SnO(g)$ 的历程为 $SnO_2 \rightarrow SnO(s) \rightarrow SnO(g)$[3,4]，计算 $SnO_2-CO-CO_2$ 体系中可能发生反应的 $\Delta G_T^\ominus-T$ 方程式，结果见表 3-1。

表 3-1 SnO_2 在 CO/CO_2 气氛中主要化学反应及 $\Delta G_T^\ominus-T$ 方程式

公式号	反应式	$\Delta G_T^\ominus - T$
(3-13)	$SnO_2 + 2CO = Sn + 2CO_2$	$\Delta G^\ominus = 15.6 - 0.033T$，kJ/mol
(3-14)	$SnO_2 + CO = SnO(s) + CO_2$	$\Delta G^\ominus = 15.8 - 0.017T$，kJ/mol
(3-15)	$SnO(s) + CO = Sn + CO_2$	$\Delta G^\ominus = -0.5 - 0.016T$，kJ/mol
(3-16)	$SnO(s) = SnO_2 + Sn$	$\Delta G^\ominus = -26.5 + 0.015T$，kJ/mol
(3-17)	$SnO(s) = SnO(g)$	$\Delta G^\ominus = 283.9 - 0.146T$，kJ/mol

由表 3-1 可以看出，SnO_2 在 $CO-CO_2$ 气氛中很容易被还原成 $SnO(s)$ 或者 Sn。但是大量研究表明，$SnO(s)$ 是极其不稳定的物质，在 $300 \sim 900^\circ C$ 的温度下容易

发生歧化反应生成金属锡和锡的其他中间氧化物（Sn_2O_3、Sn_3O_4、Sn_5O_6 等）[5,6]；$SnO(s)$ 转化成 $SnO(g)$ 需要较高的温度，文献中报道的 $SnO(g)$ 稳定存在的温度为 900℃ 以上[3~6]，在 SnO_2 的还原焙烧产物中，并没有检测到 $SnO(s)$，因此 SnO_2 还原成 $SnO(g)$ 的反应可以认为是反应（3-14）和反应（3-17）的总反应，即：

$$SnO_2 + CO(g) \Longrightarrow SnO(g) + CO_2(g)，\Delta G^{\ominus} = 304.5 + 0.169T，kJ/mol$$

$$(3-18)$$

然而，表 3-1 中各式并未考虑实际体系中各种参与反应气体（主要为 CO、CO_2 和 $SnO(g)$）的分压对各反应进行的影响。根据式（3-11），当 $SnO(g)$ 分压等于 $10^{-1} \sim 10^{-7}$atm 时，计算反应（3-6）的非标准态吉布斯自由能，绘制出 ΔG-T 关系如图 3-1 所示。当 $SnO(g)$ 分压 $p_{SnO} = 10^{-1}$atm 时，$\Delta G_{(T=1615K)} = 0$，当温度高于 1615K（1342℃）时，反应（3-18）才能正向进行；而当 $SnO(g)$ 分压为 10^{-5}atm 和 10^{-7}atm 时，反应开始温度分别降低至 1148K（875℃）和 1003K（730℃）。由此可知，气相中 $SnO(g)$ 分压对反应（3-18）的进行有重要影响，气相中 $SnO(g)$ 分压越低，反应越容易正向进行；对 SnO_2 还原的实际体系来说，气体流速等因素也会影响体系中 $SnO(g)$ 气相分压，从而对 SnO_2 还原成气相 SnO 的历程产生影响。

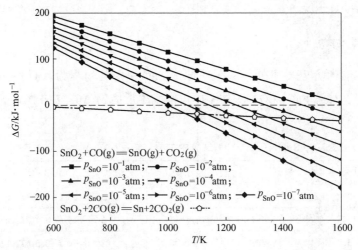

图 3-1　反应 $SnO_2 + CO(g) \Longrightarrow SnO(g) + CO_2(g)$ 在不同 $SnO(g)$ 分压条件下的 ΔG-T 曲线[7]

在 SnO-CO-CO_2 体系可能同时存在气相 SnO 的还原反应，即：

$$SnO(g) + CO(g) \Longrightarrow CO_2(g) + Sn，\Delta G^{\ominus} = -290.5 + 0.139T，kJ/mol$$

$$(3-19)$$

将式（3-18）和式（3-19）按照式（3-10）~式（3-12）联立求解，计算得出不同 SnO(g) 气相分压下 SnO_2-CO-CO_2 的还原平衡关系，分别求得 SnO(g) 的稳定存在区，如图3-2所示。

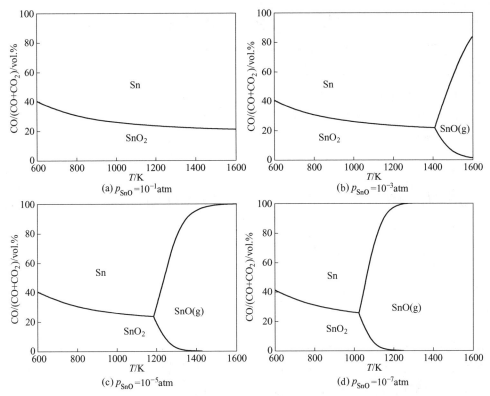

图 3-2 SnO_2 在 CO-CO_2 气氛下还原的气相平衡图（p'_{SnO} 分压 $10^{-7} \sim 10^{-1}$ atm）

由图3-2可以看出，还原体系中 SnO 气相的分压越低，相应的气相 SnO 稳定存在区面积越大，SnO_2 按照反应（3-18）还原成气相 SnO 的开始反应温度越低，说明 SnO_2 在相对低温条件下发生的还原挥发反应，在热力学上是完全可行的。

3.2.2 铁氧化物

3.2.2.1 CO 间接还原铁氧化物的热力学

还原剂为气态 CO 或 H_2，产物为 CO_2 或 H_2O 的还原反应称为"间接还原反应"。本书只讨论 CO 气体[8]。

以 Fe_3O_4 为例，在其还原至金属铁的全过程中，令其中的铁原子数不变，计算各还原阶段的失氧率可知：$Fe_3O_4 \rightarrow 3FeO \rightarrow 3Fe$。

下面分阶段讨论铁氧化物的还原热力学。

用 CO 还原 Fe_2O_3 的反应为 $3Fe_2O_3 + CO = 2Fe_3O_4 + CO_2$，$\Delta G^{\ominus} = -26520 - 57.03T$，$J/mol$，则有：

$$\ln K_p = \ln \frac{\%CO_2}{\%CO} = \frac{3189.8}{T} + 6.86 \tag{3-20}$$

该式表明，K_p 为较大的正值，平衡气相中 $\%CO_2$ 远比 $\%CO$ 高，说明在一般 $CO\text{-}CO_2$ 气氛中，Fe_2O_3 极易被 CO 还原。

Fe_3O_4 的还原在高温与低温下有不同的反应。

当 $T > 843K$ 时，反应为 $Fe_3O_4 + CO = 3FeO + CO_2$，$\Delta G^{\ominus} = 35100 - 41.49T$，$J/mol$，则有：

$$\ln K_p = \ln \frac{\%CO_2}{\%CO} = -\frac{4221.8}{T} + 4.99 \tag{3-21}$$

该反应为吸热反应，因此随着温度的升高，K_p 值增加，即平衡气相中 $\%CO$ 减小。

若 $T < 843K$，Fe_3O_4 按下式反应 $\frac{1}{4}Fe_3O_4 + CO = \frac{3}{4}Fe + CO_2$，$\Delta G^{\ominus} = -3256 + 4.21T$，$J/mol$，则有：

$$\ln K_p = \ln \frac{\%CO_2}{\%CO} = \frac{391.6}{T} - 0.51 \tag{3-22}$$

在式（3-22）中，FeO 是纯 FeO 相。但在实际反应中，稳定存在的不是以分子式 FeO 表示的纯 FeO 相，而是浮氏体。浮氏体相中氧原子数与铁原子数之比大于 1，一般用 Fe_xO 表示（$x = 0.83 \sim 0.95$），其晶体结构是缺位式固溶体[9]。为方便起见，本书涉及的浮氏体均以 FeO 表示。则 FeO 被 CO 还原的反应可表示为 $FeO + CO = Fe + CO_2$，$\Delta G^{\ominus} = -17490 + 21.13T$，$J/mol$，则有：

$$\ln K_p = \ln \frac{\%CO_2}{\%CO} = \frac{2103.7}{T} - 2.54 \tag{3-23}$$

联立式（3-20）~式（3-23），求出不同温度下的 $\%CO$，将 $\%CO\text{-}T$ 的关系表示为图 3-3。

在图 3-3 中，坐标平面被四条曲线划分为 A、B、C 和 D 4 个区（反应 $3Fe_2O_3 + CO = 2Fe_3O_4 + CO_2$ 的平衡浓度很低，实际平衡浓度曲线几乎与 x 轴重合，图中曲线（1）仅为示意性表示），4 个区分别表示 Fe_2O_3、Fe_3O_4、FeO 和 Fe 的稳定区。图中交点 O（$T_0 = 843K$）为 Fe_3O_4、FeO 和 Fe 的平衡共存点，对应的 CO 和 CO_2 组成的平衡气相中 $\%CO$ 约为 51%。温度越高时，FeO 稳定存在所需的平衡气相中 CO 的浓度区间越大。例如，当温度为 1073K，FeO 稳定存在的 CO 平衡浓度区间为 25.8%~64.1%；当温度为 1373K，FeO 稳定存在的 CO 平衡

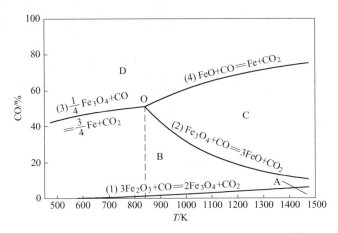

图 3-3　CO 还原铁氧化物的平衡气相组成与温度的关系

浓度区间为 12.8%～73.4%。

3.2.2.2　固体碳直接还原铁氧化物的热力学

还原剂为固体碳，产物为 CO 气体的还原反应称为"直接还原反应"。在用固体碳还原铁氧化物的过程中，碳的气化反应（又称布多尔反应）与铁氧化物的还原反应同时进行[8]。

碳的气化反应为 $C(s) + CO_2(g) = 2CO(g)$，$\Delta G^\ominus = 170700 - 174.5T$，J/mol，则有：

$$\ln K_p = -\frac{170700 - 174.5T}{8.314T} = -\frac{20531.6}{T} + 20.99 \tag{3-24}$$

碳气化反应的%CO-T 的关系曲线图示于图 3-4。平衡曲线将坐标平面分为两个区，上部为 CO 分解区（即碳的稳定区），下部为碳的气化区（即 CO 稳定区）。由图 3-4 可见，在纯 C-O 体系中，$T = 673～1273K$ 时，%CO 随温度升高而明显增大；当 $T < 673K$（400℃），%CO ≈ 0，气化反应不能进行；当 $T > 1273K$（1000℃），%CO ≈ 100，表明气化反应进行很完全。即在高温下，有碳存在时，C-O 体系中将产生大量 CO，几乎不存在 CO_2。

在有固体碳存在的条件下，铁氧化物发生的主要反应为：

$$3Fe_2O_3 + C = 2Fe_3O_4 + CO \tag{3-25}$$

$$Fe_3O_4 + C = 3FeO + CO(T > 843K) \tag{3-26}$$

$$\frac{1}{4}Fe_3O_4 + C = \frac{3}{4}Fe + CO(T < 843K) \tag{3-27}$$

$$FeO + C = Fe + CO \tag{3-28}$$

上述还原反应相当于铁氧化物被气体 CO 还原的反应与布多尔反应之和。

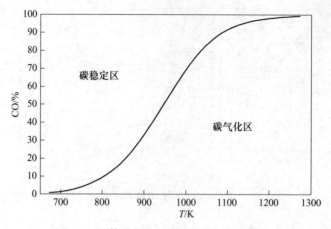

图 3-4　固体碳气化平衡组成与温度的关系

以 $3Fe_2O_3 + C = 2Fe_3O_4 + CO$ 为例：

$$3Fe_2O_3 + CO == 2Fe_3O_4 + CO_2$$
$$+ \qquad C + CO_2 == 2CO$$

$$3Fe_2O_3 + C == 2Fe_3O_4 + CO$$

将图 3-3 和图 3-4 与 CO 还原铁氧化物的平衡气相组成及温度的关系绘于同一图中，如图 3-5 所示，即为铁氧化物被固体碳直接还原平衡图。

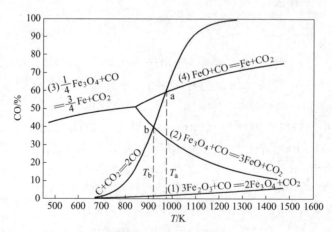

图 3-5　固体 C 直接还原铁氧化物的平衡气相组成与温度的关系

从图 3-5 可见，布多尔反应的平衡曲线与 FeO 和 Fe_3O_4 间接还原平衡曲线分别相交于 a 和 b 点。$T_a = 968K$，对应平衡气相中 CO 约为 59.1%；$T_b = 920K$，平衡气相中 CO 约为 40.1%。从图 3-5 还可以看出，T_a 和 T_b 将图划分为 3 个区。$T>T_a$ 的区域为金属铁稳定区；$T<T_b$ 的区域为 Fe_3O_4 稳定区；$T_a>T>T_b$ 的区域为 FeO 稳定区。

目前，对于用固体碳还原铁氧化物已得到下述被广泛公认的结论[9]：

(1) 各种铁氧化物被固体碳还原主要是通过中间气体产物 CO 和 CO_2 进行；

(2) 还原过程中，碳的气化反应速度远小于铁氧化物被 CO 还原的速度；

(3) 对于内配碳铁氧化物球团，气体扩散过程可以忽略不计，气体产物组成接近于 CO 还原铁氧化物的平衡气相组成；

(4) 内配碳球团还原速度远大于氧化球团的还原速度。

3.3 锡、铁氧化物还原动力学

由 3.2 节中分析可知，锡、铁氧化物在 $CO-CO_2$ 气氛中的还原产物相态不同，其还原历程也有明显差异。在实际冶金生产过程中，有很多反应是建立在气-固交互反应基础上的，用 CO(g) 还原 Fe_3O_4 和 SnO_2 就是典型的该类型反应。对于气-固反应，根据固体的性质，可以分为无孔隙固体与气体的反应和多孔固体与气体的反应两类；再根据有无固体产物生成，可以分为无固体生成物的反应和有固体生成物的反应。

3.3.1 锡氧化物

根据 3.2.1 所述二氧化锡还原至气相 SnO 阶段的反应式为式（3-18），实际还原过程中，不生成固体产物层，而气相 SnO 产物不断形成并向外扩散，因而反应固体颗粒的半径随着整个反应的进行而逐渐收缩，因此，反应（3-18）符合的动力学模型应为无固体产物层的颗粒体积收缩模型，该反应可能受气体滞留膜扩散控制或界面化学反应控制或两者共同控制。假设该反应为一级不可逆反应，反应过程是准稳态，温度恒定，颗粒形状为球形颗粒，在此基础上推导该反应受气体滞留膜扩散控制或者界面化学反应控制时的动力学方程[10~13]。

3.3.1.1 无反应产物反应模型公式推导

A 扩散控制

设 SnO_2 颗粒初始半径为 r_0，到时间 t 时缩小为 r_c，当反应物 CO 通过气体滞留膜的扩散为控制步骤时，CO 在 SnO_2 颗粒表面上的浓度 C_{As} 近似为 0，CO 浓度分布示意图如图 3-6 所示，C_{Ab} 指 CO 在气流主体中的浓度。

CO 在气体滞留膜中的扩散速度为：

$$-\frac{dC_A}{dt} = 4\pi r_c^2 k_g C_{Ab} \tag{3-29}$$

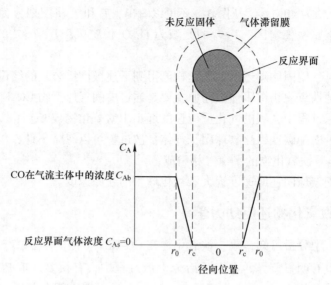

图 3-6　气体滞留膜扩散控制的气-固反应气体浓度分布示意图

$$-\frac{dC_A}{dt} = \frac{-1}{b}\frac{dC_B}{dt} = \frac{-\rho_B}{bM_B}\frac{d}{dt}\left(\frac{4}{3}\pi r_c^3\right) = \frac{-4\pi r_c^2 \rho_B}{bM_B}\frac{dr_c}{dt} \tag{3-30}$$

式中，k_g 为 CO 的传质系数；ρ_B 和 M_B 分别为 SnO_2 的密度和分子量；b 为化学计量系数，在此反应中 $b=1$。可得：

$$\frac{dr_c}{dt} = -\frac{M_B}{\rho_B}k_g C_{Ab} \tag{3-31}$$

可采用下列经验公式求得 k_g：

$$\frac{k_g d_p y_i}{D} = 2 + 0.6\left(\frac{\mu}{\rho D}\right)^{\frac{1}{3}}\left(\frac{d_p v\rho}{\mu}\right)^{\frac{1}{2}} \tag{3-32}$$

式中，d_p 为 SnO_2 颗粒直径；y_i 为惰性组分在扩散膜两侧的平均摩尔分数；D 为 CO 的扩散系数。在滞流区 v 近似为 0，则上式右边第二项近似为 0，因此，上式可简化为：

$$k_g = \frac{2D}{d_p y_i} = \frac{D}{r_c y_i} \tag{3-33}$$

积分可得：

$$t = \frac{\rho_B y_i r_0^2}{2bD M_B C_{Ab}}\left[1 - \left(\frac{r_c}{r_0}\right)^2\right] \tag{3-34}$$

当 $r_c = 0$，即固体颗粒完全反应，所需时间为：

$$t_f = \frac{\rho_B y_i r_0^2}{2bDM_B C_{Ab}} \tag{3-35}$$

将式 (3-34) 代入式 (3-35) 可得:

$$\frac{t}{t_f} = 1 - \left(\frac{r_c}{r_0}\right)^2 \tag{3-36}$$

对于固体球形颗粒, 其反应分数 x 可表示为:

$$x = \frac{w_0 - w}{w_0} = \frac{\frac{4}{3}\pi r_0^3\rho - \frac{4}{3}\pi r_c^3\rho}{\frac{4}{3}\pi r_0^3\rho} = 1 - \left(\frac{r_c}{r_0}\right)^3 \tag{3-37}$$

式中, w_0 为反应开始时固体颗粒的质量; w 为时间 t 时固体颗粒的质量; ρ 为固体颗粒的密度。

将式 (3-37) 代入式 (3-36) 可得:

$$\frac{t}{t_f} = 1 - (1 - x)^{\frac{2}{3}} \tag{3-38}$$

即, 当反应为气体滞留膜扩散控制时, 以时间 t 为横坐标, $1-(1-x)^{2/3}$ 为纵坐标, 得到的函数图形为直线, 两者呈线性关系。

B 界面化学反应控制

如果界面化学反应速度成为还原过程的控制步骤, 即化学反应的阻力比气体滞留膜扩散的阻力大, 则颗粒外表面上的气相反应物 CO 的浓度与其在气流主体中的浓度相等, 即 $C_{As} = C_{Ab}$, 此时速度方程式可写为:

$$-\frac{dC_A}{dt} = 4\pi r_c^2 k C_{Ab} \tag{3-39}$$

$$-\frac{dC_A}{dt} = -\frac{dC_B}{dt} = \frac{-\rho_B}{M_B}\frac{d}{dt}\left(\frac{4}{3}\pi r_c^3\right) = \frac{-4\pi r_c^2 \rho_B}{M_B}\frac{dr_c}{dt} \tag{3-40}$$

$$\frac{dr_c}{dt} = -\frac{M_B}{\rho_B} k C_{Ab} \tag{3-41}$$

对式 (3-41) 积分可得:

$$-\frac{\rho_B}{M_B}(r_c - r_0) = k C_{Ab} t \tag{3-42}$$

整理后得到:

$$t = \frac{\rho_B r_0}{k M_B C_{Ab}}\left(1 - \frac{r_c}{r_0}\right) \tag{3-43}$$

完全反应时间为:

$$t_f = \frac{\rho_B r_0}{k M_B C_{Ab}} \tag{3-44}$$

将式 (3-44) 代入式 (3-43) 可得:

$$\frac{t}{t_f} = 1 - (1 - x)^{\frac{1}{3}} \tag{3-45}$$

从式（3-45）可以看出，当气-固反应为界面化学反应控制时，过程的速度随反应速度常数 k 及气体浓度 C_{Ab} 的增加而增大，因此，提高反应过程的温度和反应气体浓度是强化气-固反应的重要手段。

3.3.1.2 试验结果与分析[13]

为研究 SnO_2 还原成气相 SnO 挥发的动力学行为，以分析纯 SnO_2 为原料（试剂纯度 99.5%，粒度为 100% 小于 325 目），在实验室卧式管炉中进行还原焙烧试验。试验所用 CO、CO_2、N_2 纯度均高于 99.99%，气流速度为 4L/min，重点研究在焙烧温度 975~1100℃、CO/(CO+CO_2) = 10%~12.5% 的条件下 SnO_2 的还原行为，计算出 SnO_2 还原度，并进行动力学模型拟合。

当 CO 浓度为 10.0% 和 12.5% 时，不同焙烧温度和时间条件下获得的 SnO_2 还原度结果如图 3-7 所示。可以看出，在 975~1100℃ 范围内，还原度随着时间延长逐渐提高，焙烧温度越高，挥发率提高幅度越大；在相同温度和时间条件下，CO 浓度为 12.5% 时的还原度比 CO 浓度为 10.0% 时的还原度明显要高。

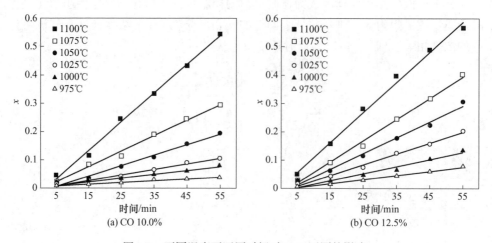

图 3-7 不同温度下还原时间对 SnO_2 还原的影响

A 扩散控制模型

当反应过程受气体滞留膜扩散控制时，根据式（3-38），以 $1-(1-x)^{2/3}$ 为纵坐标，时间 t 为横坐标作图，结果如图 3-8 所示。$1-(1-x)^{2/3}$ 与 t 的线性关系较好，采用最小二乘法对其进行拟合，将反应速率 $k(min^{-1})$、速率常数项 k_0 和相关系数 $r(\%)$ 列于表 3-2 和表 3-3 中。

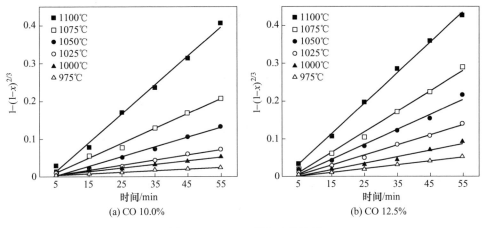

(a) CO 10.0%　　　　　　　(b) CO 12.5%

图 3-8　$1-(1-x)^{2/3}$ 与 t 的关系

表 3-2　$(1-(1-x)^{2/3}) \sim t$ 线性拟合结果（CO 浓度为 10.0%）

温度/℃	$k \times 10^{-3}/min^{-1}$	$k_0 \times 10^{-3}$	$r/\%$
975	0.42	3.45	98.03
1000	0.92	1.40	98.24
1025	1.34	-1.58	98.58
1050	2.54	-9.50	98.92
1075	3.87	-6.63	99.25
1100	7.59	-21.76	99.47

表 3-3　$(1-(1-x)^{2/3}) \sim t$ 线性拟合结果（CO 浓度为 12.5%）

温度/℃	$k \times 10^{-3}/min^{-1}$	$k_0 \times 10^{-3}$	$r/\%$
975	0.98	-3.12	97.90
1000	1.71	-7.75	96.91
1025	2.64	-9.01	99.30
1050	3.93	-12.28	98.39
1075	5.43	-17.54	99.21
1100	8.07	-6.98	99.80

　　进一步对表 3-2 和表 3-3 中各个温度下的反应速率取自然对数，温度取倒数，作 Arrhenius 图（$\ln k \sim 1/T$），其结果如图 3-9 所示，并对其数据进行线性拟合（图中直线为拟合后的结果），得到 $\ln k \sim 1/T$ 的方程、表观活化能（E_a）和相关系数（r），具体数值见表 3-4。从中可以看出，$\ln k$ 与 $1/T$ 的线性相关性良好，当 CO 含量为 10.0% 时，其线性相关系数 r 为 99.25%，化学反应表观活化能 E_a 为 316.93kJ/mol；当 CO 含量为 12.5% 时，其线性相关系数 r 为 99.59%，化学反应表观活化能 E_a 为 234.81kJ/mol。试验结果表明，还原气相中 CO 浓度对化学反应活化能具有显著影响。

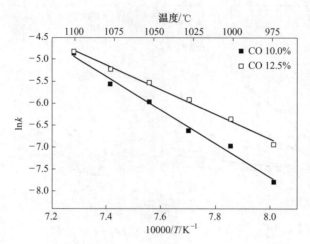

图 3-9 $\ln k$ 与 $1/T$ 的关系($(1-(1-x)^{2/3}) \sim t$)

表 3-4 $\ln k \sim 1/T$ 线性拟合结果($(1-(1-x)^{2/3}) \sim t$)

CO/%	$\ln k \sim 1/T$	$E_a/\text{kJ} \cdot \text{mol}^{-1}$	$r/\%$
10.0	$\ln k = -38120.50/T + 22.82$	316.93	99.25
12.5	$\ln k = -28243.07/T + 15.77$	234.81	99.59

B 界面化学反应控制模型

当还原过程受界面化学反应控制时，$1-(1-x)^{1/3}$ 与 t 应呈线性关系。以 $1-(1-x)^{1/3}$ 为纵坐标，时间 t 为横坐标作图，结果如图 3-10 所示。对其进行线性拟合（图中直线为拟合后的结果），其反应速率 k、速率常数项 k_0 和相关系数 r 见表 3-5 和表 3-6。

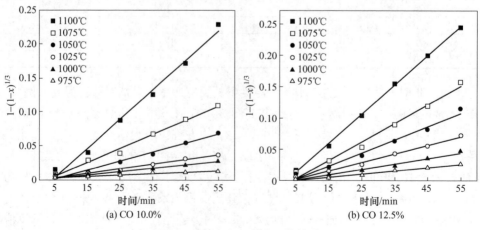

图 3-10 $1-(1-x)^{1/3}$ 与 t 的关系

表 3-5 　$(1-(1-x)^{1/3}) \sim t$ 线性拟合结果（CO 浓度为 10.0%）

温度/℃	$k \times 10^{-3}/min^{-1}$	$k_0 \times 10^{-3}$	$r/\%$
975	0.21	1.72	98.04
1000	0.47	0.64	98.17
1025	0.68	-0.95	98.52
1050	1.32	-5.33	98.77
1075	2.05	-4.68	99.14
1100	4.30	-17.07	98.98

表 3-6 　$(1-(1-x)^{1/3}) \sim t$ 线性拟合结果（CO 浓度为 12.5%）

温度/℃	$k \times 10^{-3}/min^{-1}$	$k_0 \times 10^{-3}$	$r/\%$
975	0.50	-1.64	97.84
1000	0.88	-4.15	96.70
1025	1.37	-5.12	99.17
1050	2.09	-7.68	97.97
1075	2.95	-11.72	98.84
1100	4.64	-10.05	99.88

对表 3-5 和表 3-6 中各个温度下的反应速率取自然对数，温度取倒数，作 Arrhenius 图（$\ln k \sim 1/T$），其结果如图 3-11 所示，对其中的数据进行线性拟合（图中直线为拟合后的结果），得到 $\ln k \sim 1/T$ 的函数方程、反应活化能（E_a）和相关系数（r），具体数值见表 3-7。从中可以看出，$\ln k$ 与 $1/T$ 的线性相关性良好，当 CO 浓度为 10.0% 时，其线性相关系数 r 为 99.16%，化学反应表观活化能 E_a 为 328.79kJ/mol；当 CO 含量为 12.5% 时，其线性相关系数 r 为 99.73%，化学反应表观活化能 E_a 为 248.13kJ/mol。试验结果表明，气相中 CO 浓度对化学反应活化能同样有显著影响。

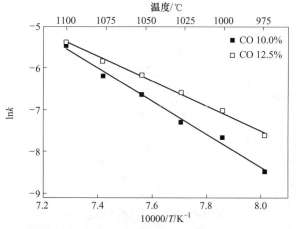

图 3-11　$\ln k$ 与 $1/T$ 的关系（$(1-(1-x)^{1/3}) \sim t$）

表 3-7　ln$k$~1/T 线性拟合结果((1-(1-x)$^{1/3}$)~t)

CO/%	ln$k$~1/T	E_a/kJ·mol^{-1}	r/%
10.0	ln$k$=−39546.47/T+23.26	328.79	99.16
12.5	ln$k$=−29845.27/T+16.36	248.13	99.73

　　根据以上动力学研究结果可知，SnO_2 的还原过程与受界面化学反应控制的无固体产物层的颗粒体积收缩模型较为符合。表观活化能分别为：CO 浓度为 10.0%时的 328.79kJ/mol 和 CO 浓度为 12.5%时的 248.13kJ/mol，还原气相中 CO 浓度对表观活化能具有显著影响。

3.3.2　铁氧化物

　　根据 3.2.2 节关于铁氧化物还原历程分析结果表明，由于存在多种铁氧化物，因此铁矿物在还原过程中呈现逐级还原的反应历程，本书只重点关注 Fe_3O_4→FeO 阶段的还原动力学。铁氧化物还原（以氧化球团还原为例）属于典型的收缩未反应核模型，其示意图如图 3-12 所示，在球团还原过程中，其反应步骤主要为[12~16]：

　　（1）还原气体（A）通过气相边界层扩散到固体反应物表面（称为外扩散）；

　　（2）还原气体通过多孔的还原产物层（S）向反应界面扩散，同时还原固体

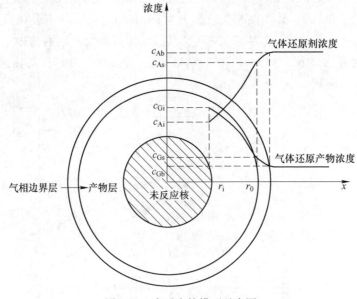

图 3-12　未反应核模型示意图

产物离子（如 Fe^{2+} 等）或电子也通过产物层向内部扩散（称为内扩散）；

（3）在反应界面上还原气体与反应物发生结晶化学反应，其中包括还原剂的吸附、化学反应本身和气体产物的脱附（称为界面化学反应）；

（4）气体产物（G）通过多孔的固体产物层向多孔层表面扩散（称为内扩散）；

（5）气体产物通过气相扩散边界层向气体内部扩散（称为外扩散）。

整个还原过程是由外扩散、内扩散和界面化学反应 3 个基本环节组成，还原过程速率取决于其中最慢环节的速率。铁精矿球团的还原过程呈多扩散方式，没有明显的交界面。每一个小矿粒呈现未反应核模型，而整个球团呈多孔体积反应模型。为了使问题处理方便，假设组成球团的细小颗粒形状为球形，在以往的冶金研究中，对于金属氧化物的还原反应，一般都是采用收缩未反应核模型进行处理，因此，本书中也同样采用收缩未反应核模型开展讨论。

3.3.2.1 收缩未反应核模型公式推导

通常情况下，边界层的外扩散阻力在还原过程中是比较小的，一般不会成为反应的限制性环节。因此，整个还原过程控制性环节主要由气体反应物内扩散、界面化学反应或两者混合控制。为得到相应的反应速度方程，在推导时假定：反应过程是准稳态过程；反应前后颗粒尺寸不发生变化；球团内部温度是均匀的，且反应均为一级不可逆反应。下面分别推导几种可能的动力学方程。

A 界面化学反应控制

在这种情况下，气体通过粒子之间空隙的扩散阻力可以忽略，因此界面化学反应速率控制球团还原总速率。球团可以当做在没有传质阻力条件下各个粒子反应的聚集体，所以气相反应物浓度在整个球团内部看成是均匀的，把此模型称为"粒子模型"。由于固体中的"粒子"外形不规则及分布的多样性，加之在反应过程中粒子的形状也有可能发生变化，为了简化讨论，采用以下 3 点假设：（1）组成球团的粒子看成是无孔的；（2）反应期间每个粒子保持原来的球形不变；（3）将每个粒子都按无孔隙固体反应的收缩未反应核模型来讨论，且反应前后粒子的体积不变。

以反应 $Fe_3O_4(s) + CO(g) \rightarrow 3FeO(s) + CO_2(g)$ 为例进行讨论。当反应速度由化学界面反应控制时，其化学反应速率可表示为：

$$v_C = -\frac{dn_A}{dt} = k_1 4\pi r_i^2 C_{Ai}$$

式中，n_A 为气体反应物 CO 的物质的量；k_1 为反应动力学常数；C_{Ai} 为气相反应物浓度，在整个球团中均相等；r_i 为未反应核的半径。

$$-\frac{\mathrm{d}n_A}{\mathrm{d}t} = -\frac{\mathrm{d}n_B}{\mathrm{d}t} = -\frac{\mathrm{d}(4\pi r_i^3 \rho_B/3M_B)}{\mathrm{d}t} = -\frac{4\rho_B \pi r_i^2}{M_B} \times \frac{\mathrm{d}r_i}{\mathrm{d}t}$$

式中，n_B 为固体反应物 Fe_3O_4 的物质的量；ρ_B 为 Fe_3O_4 的密度；M_B 为 Fe_3O_4 的分子量。

因而可推出：

$$k_1 4\pi r_i^2 C_{Ab} = -\frac{4\rho_B \pi r_i^2}{M_B} \times \frac{\mathrm{d}r_i}{\mathrm{d}t}$$

移项积分：

$$-\frac{\rho_B}{M_B} \int_{r_0}^{r_i} \mathrm{d}r_i = k_1 C_{Ab} \int_0^t \mathrm{d}t$$

式中，r_0 为 Fe_3O_4 的原始半径；t 为未反应粒子半径达 r_i 时的反应时间。

积分得：

$$t = \frac{\rho_B r_0}{M_B k_1 C_{Ab}}\left(1 - \frac{r_i}{r_0}\right) \tag{3-46}$$

令 Y_0 为 Fe_3O_4 中与 Fe^{3+} 结合的氧的百分含量，那么原始粒子中与 Fe^{3+} 结合的氧总重为 $4\pi r_0^3 \rho_B Y_0/3$。因而当反应粒子半径达 r_i 时，粒子的失重为 $4(\pi r_0^3 - \pi r_i^3)\rho_B Y_0/3$。

定义反应消耗的反应物 Fe_3O_4 的量与其原始量之比为反应分数或转化率，并以 X_B 表示，可以得出：

$$X_B = \frac{4(\pi r_0^3 - \pi r_i^3)\rho_B Y_0/3}{4\pi r_0^3 \rho_B Y_0/3} = \frac{r_0^3 - r_i^3}{r_0^3} = 1 - (r_i/r_0)^3$$

可推出：

$$r_i/r_0 = (1 - X_B)^{1/3} \tag{3-47}$$

将式（3-47）代入式（3-46）中，得：

$$t = \frac{\rho_B r_0}{M_B k_1 C_{Ab}}\left[1 - (1 - X_B)^{1/3}\right]$$

当反应进行完全时，$r_i = 0$，$t = t_f$，$t_f = \dfrac{\rho_B r_0}{M_B k_1 C_{Ab}}$，令 $t_f = a$，则有：

$$t = a\left[1 - (1 - X_B)^{1/3}\right]$$

对于整个球团而言，可把它看成是由 n 个半径为 r_0 的颗粒所组成，所以当反应时间为 t 时，球团的还原分数 x 可以表示为：

$$x = \frac{n\left(\dfrac{4}{3}\pi r_0^3 - \dfrac{4}{3}\pi r_i^3\right)\rho B_1 C_1}{n \times \dfrac{4}{3}\pi r_0^3 \rho B_1 C_1} = 1 - (r_i/r_0)^3$$

将该式代入式（3-46），可获得：

$$t = a[1 - (1 - x)^{1/3}] \qquad (3-48)$$

式（3-48）即为界面化学反应控制的动力学方程，以 x 为变量，则有 $f_1(x) = 1 - (1 - x)^{1/3}$。以后对于整个球团而言进行的推导均与此相同。

以 $Fe_3O_4 \rightarrow FeO$ 还原为例推导的界面化学反应控制的动力学方程与一般的由界面化学反应控制的无固相产物生成的收缩未反应核模型的动力学方程是类似的，后面的各模型公式推导也有类似效果。这是因为 $Fe_3O_4 \rightarrow FeO$ 的还原虽然得到的是固体产物，但因为球团是多孔的，而且球团的还原失重实际上都是氧的脱除所造成的，因此上面的推导结果是合理的。

B 气体内扩散控制

当还原反应由气体在固相产物层中的内扩散控制时，根据扩散定律，固相产物层中气体内扩散速率 r_D 可以表示为：

$$r_D = -\frac{dn_A}{dt} = 4\pi r_0^2 D_A \frac{dC_A}{dr}$$

式中，n_A 为气体反应物通过固体产物层的物质的量；D_A 为气体反应物的有效扩散系数；C_A 为气体反应物浓度。

由于把反应看成准稳态过程，而且是不可逆反应，因而内扩散速率 r_D 可看成一个常数，则上式积分得：

$$\int_{C_{As}}^{C_{Ai}} dC_A = -\frac{1}{4\pi D_A} \frac{dn_A}{dt} \int_{r_0}^{r_i} \frac{dr_i}{r_i^2}$$

$$r_D = -\frac{dn_A}{dt} = 4\pi D_A \frac{r_0 r_i}{r_0 - r_i}(C_{As} - C_{Ai}) = 4\pi D_A C_{As} \frac{r_0 r_i}{r_0 - r_i}$$

式中，C_{As} 为颗粒表面的浓度，等于在气相内部的浓度 C_{Ab}，$C_{Ab} > C_{Ai}$；对不可逆反应，$C_{Ai} \approx 0$。因此，当气体由内扩散控制时，上式可改写为：

$$r_D = -\frac{dn_A}{dt} = 4\pi D_A C_{Ab} \frac{r_0 r_i}{r_0 - r_i} = -\frac{4\rho_B \pi r_i^2}{M_B} \times \frac{dr_i}{dt}$$

移项积分得：

$$\int_0^t -\frac{M_B D_A C_{Ab}}{\rho_B} dt = \int_{r_0}^{r_i} (r_i - r_i^2/r_0) dr_i$$

$$t = \frac{\rho_B r_0^2}{6 D_A M_B C_{Ab}}[1 - 3(r_i/r_0)^2 + 2(r_i/r_0)^3]$$

将式（3-47）代入上式，得：

$$t = \frac{\rho_B r_0^2}{6 D_A M_B C_{Ab}}[1 - 3(1 - X_B)^{2/3} + 2(1 - X_B)]$$

$$= \frac{\rho_B r_0^2}{2 D_A M_B C_{Ab}}[1 - 2X_B/3 - (1 - X_B)^{2/3}]$$

当颗粒完全反应时，$X_B = 1$，$t = t_f = \dfrac{\rho_B r_0^2}{2D_A M_B C_{Ab}}$，令 $t_f = b$，则有：

$$t = b[1 - 2X_B/3 - (1 - X_B)^{2/3}]$$

那么对于整个球团，可以得到：

$$t = b[1 - 2x/3 - (1 - x)^{2/3}]$$

该式即为固相产物层内气体扩散控制的还原动力学方程。以 x 为变量，则有：

$$f_2(x) = 1 - 2x/3 - (1 - x)^{2/3} \tag{3-49}$$

C 界面化学反应与气体内扩散混合控制

当界面化学反应速率与气体扩散反应速率相差不大时，两者对反应过程的影响均不能忽略，则认为整个反应过程由两者混合控制。

按照上面的推导方法，不难得到混合控制动力学方程表达式为：

$$f_3(x) = f_1(x) + f_2(x) = a_1[1 - (1 - x)^{1/3}] + b_1[1 - 2x/3 - (1 - x)^{2/3}]$$

$$\tag{3-50}$$

说明此种反应所需的时间等于内扩散单独控制及由界面化学反应单独控制时达到同一反应转化率所需时间之和。

3.3.2.2 试验结果及分析[17~20]

气-固反应动力学规律研究方法一般分为连续法和间断法。连续法是用热天平、弹簧秤或热重分析仪连续记录还原失重与时间的关系；间接法是当样品还原到预定的时间后，取出试样进行化学分析，根据还原前后各金属元素的含量和还原过程总失重率，确定金属的还原率与时间的关系。连续法试验条件一致，重现性好，适合研究较纯矿物动力学；而间断法试验简单，但需试验次数较多，适合研究含多种挥发物质的复杂矿物的动力学。

国内外对铁氧化物的还原动力学进行过许多研究。本书研究 $Fe_3O_4 \rightarrow FeO$ 阶段的还原动力学时采用连续法，还原动力学试验装置示意图如图 3-13 所示。由反应炉及温度调控和热重天平测定装置两部分组成，再与配气及气氛控制装置连接。反应炉包括刚玉管（$\phi80mm$）和加热炉。加热炉为电阻炉，炉温由 DWK-702 型精密控制装置调节控制，控温热电偶采用装有刚玉保护套管的铂-铑热电偶，其热端安装在反应管的恒温区中部。重量测定部分包括热重天平（精确刻度 0.1g，最大量程 1000g）和循环水冷却套管。热重天平固定在升降台上，试验时先将球团装入刚玉坩埚（$\phi50mm \times 50mm$）中，并用细钢丝垂直悬挂于热天平正下部的挂钩上，通过调节升降按钮控制天平的位置。为保证试验过程的稳定和数据的准确性，还原混合气体采用 CO 标准气体（CO 99.99%）和纯 CO_2 气体（CO_2 99.99%），混合气体各组分体积百分含量及流量由流量计控制，保证气流速度大于 5cm/s，以消除气体在球团外层的外扩散阻力。

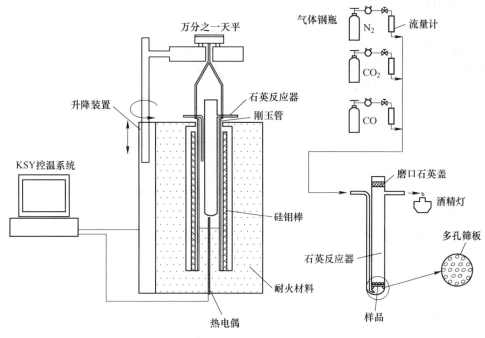

图 3-13　还原动力学试验装置示意图

　　还原动力学研究使用的磁铁精矿主要化学成分见表 3-8，其中易分解或还原挥发的硫、砷、锡、铅、锌等元素含量均低于 0.03%，可有效避免杂质元素对铁氧化物还原动力学的影响。将磁铁矿添加膨润土后进行混匀，造球，球团直径 12mm 左右，干燥后留作还原试验用。由"3.2.2 铁氧化物"还原热力学分析已知，当还原混合气体为 CO-CO$_2$（CO 体积百分比为 40%），焙烧温度高于 850K 时，理论上可实现 Fe$_3$O$_4$ → FeO 的阶段还原，并且不会跨越 FeO 阶段。

表 3-8　某磁铁精矿主要化学成分　　　　　　　　　　（%）

TFe	FeO	Sn	Zn	Pb	As	Si	Al$_2$O$_3$	CaO	MgO	P	S
65.65	27.54	—	0.008	—	0.009	4.43	0.91	0.36	0.31	0.026	0.03

　　主要采用等温法研究磁铁精矿球团从 Fe$_3$O$_4$ → FeO 阶段的还原动力学。等温还原温度分别为 800℃、850℃、900℃、950℃和 1000℃，试验样品重量的变化在一定的时间间隔内记录。当炉温恒定在反应温度后，通入还原混合气体以赶尽反应管中存在的空气，然后迅速将试验坩埚挂在热重天平下，按升降按钮把坩埚放入恒温区内开始反应。在坩埚放入炉子的恒温区后，温度一般要下降 5~10℃，但很快恢复，因而温度的波动对还原的影响可忽略不计。

前已分析，$Fe_3O_4 \rightarrow FeO$ 阶段的还原总失重即是该阶段氧的总失重，可由下式计算得到：

$$[O]_{TL} = W \times [O]_{总} / 4$$

式中，$[O]_{TL}$ 为 $Fe_3O_4 \rightarrow FeO$ 阶段理论上氧的总失重，g；W 为还原试验前球团中 Fe_3O_4 的质量，g；$[O]_{总}$ 为 Fe_3O_4 中氧的百分含量。

则还原反应分数 x 由下式可求：

$$x = (W - W_t) / [O]_{TL} \tag{3-51}$$

式中，W_t 为 t 时刻所测样品的质量，g。

图 3-14 表示磁铁矿球团分别在 800℃、850℃、900℃、950℃ 和 1000℃ 的温度下的还原分数 x 与还原时间 t 的关系曲线。得到的还原分数与时间关系的数据分别由以上建立的动力学模型基于最小二乘法用计算机进行分析处理，比较线性相关系数来获得各温度下最相符合的模型。由图 3-14 中的曲线分别可得到不同温度下还原分数为 50% 时的还原时间 $t_{0.5}$。图 3-15 表示各温度下还原分数 x 与 $t/t_{0.5}$ 的关系曲线图，其中的 $f_1(x)$ 与 $f_2(x)$ 两条曲线分别表示与界面化学反应控制模型和气体内扩散控制模型所对应的 x 与 $t/t_{0.5}$ 曲线。从图中可以看出，800℃、850℃ 和 900℃ 温度下得到的 x-$t/t_{0.5}$ 曲线与界面化学反应控制模型符合较好。而由 950℃ 和 1000℃ 下得到的曲线可以看出，x 与 $t/t_{0.5}$ 的关系曲线不完全符合界面化学反应控制模型或气体扩散控制模型，而基本上是反应前期为界面化学反应控制模型，反应后期为气体扩散控制，由此可推测在较高温度下反应可能为混合控制。

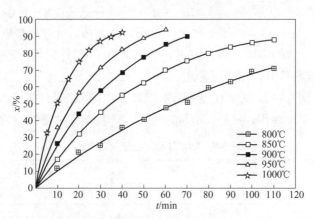

图 3-14　磁铁精矿球团不同还原温度下的还原分数 x 与 t 的关系曲线

图 3-16 表示当温度为 800℃、850℃ 和 900℃ 时，界面化学反应控制的函数 $f_1(x) = 1 - (1 - x)^{1/3}$ 与反应时间 t 的关系图，分别可以得到较好的直线，其对应的线性回归方程基本上为通过原点的直线，所得到的线性回归方程 $y = A + Bx$ 中 A 和 B 值列于表 3-9。分析结果表明，在该温度下的还原过程符合界面化学反应

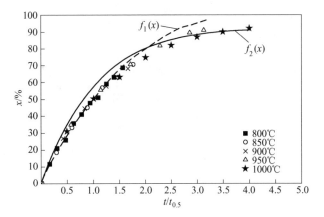

图 3-15　磁铁精矿球团不同温度下还原分数 x 与 $t/t_{0.5}$ 的关系曲线

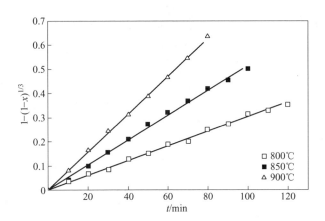

图 3-16　800℃、850℃和900℃下 $f_1(x)$ 与 t 的关系曲线

控制模型。由各直线的斜率（即表3-9中 B 值）可得到800℃、850℃和900℃下的速率常数 k 值分别为 3.04×10^{-3}、5.16×10^{-3} 和 7.84×10^{-3}。

表 3-9　各动力学模型线性回归方程 $y=A+Bx$

温度/℃	A	B
800	-2.96718×10^{-6}	0.00304
850	9.09091×10^{-6}	0.00516
900	0	0.00784

图 3-17 表示950℃和1000℃下 $f_2(x)/f_1(x)$ 与 $t/f_1(x)$ 的关系图，可以看出两者呈较好的直线关系，说明此时反应由界面化学反应和扩散混合控制。

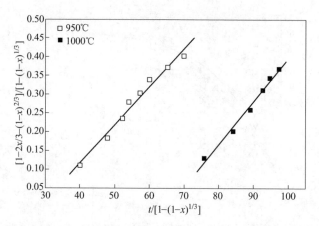

图 3-17   950℃和 1000℃下 $f_2(x)/f_1(x)$ 与 $t/f_1(x)$ 的关系曲线

3.4   CO-CO$_2$ 气氛下锡、铁、钙、硅氧化物的反应行为

第 2 章典型锡铁复合资源的工艺矿物学研究表明，其中的主要含锡矿物仍然是锡石（SnO$_2$），主要载铁矿物包括赤/褐铁矿、磁铁矿等，主要杂质元素是硅、钙，而硅、钙脉石主要以石英和方解石形式存在。根据锡、铁氧化物的还原热力学分析可知，为实现锡、铁矿物的选择性分离，首先应查明还原焙烧过程中锡、铁、钙、硅等氧化物间的反应行为。而现有文献资料和热力学数据库中，锡与其他物质的反应数据报道较少。本节内容首先以纯矿物锡石、磁铁矿、石英、方解石为原料，分别研究了 CO-CO$_2$ 气氛下单一 SnO$_2$、SnO$_2$-Fe$_3$O$_4$ 系、SnO$_2$-CaO 系、SnO$_2$-SiO$_2$ 系的反应行为，文中 CO 含量均指焙烧气相中 CO/（CO+CO$_2$）的体积百分含量。

试验前，先将块状纯矿物样品进行破碎、陶瓷球磨至粒度 100% 小于 74μm。对 4 种样品进行 XRD 物相分析和激光粒度分析，结果如图 3-18 所示。从图可以看出，在 XRD 分析图谱中没有发现杂质衍射峰，表明样品具有较高的纯度；此外，锡石、磁铁矿、方解石和石英的平均粒径分别为 21.10μm、24.62μm、17.65μm 和 32.87μm。采用化学法分析了 4 种样品的主要化学成分，结果表明，锡石、磁铁矿、方解石和石英的纯度分别为 95.40wt.%、99.41wt.%、99.63wt.%和 99.57wt.%，满足纯矿物试验要求[21,22]。

3.4.1   SnO$_2$ 的还原特性

3.4.1.1   焙烧条件对 SnO$_2$ 挥发的影响

首先以单一锡石样品为原料，研究了 CO-CO$_2$ 气氛下主要焙烧条件对锡石还原挥发率的影响，试验结果如图 3-19 所示。可以看出，SnO$_2$ 的还原挥发率均受

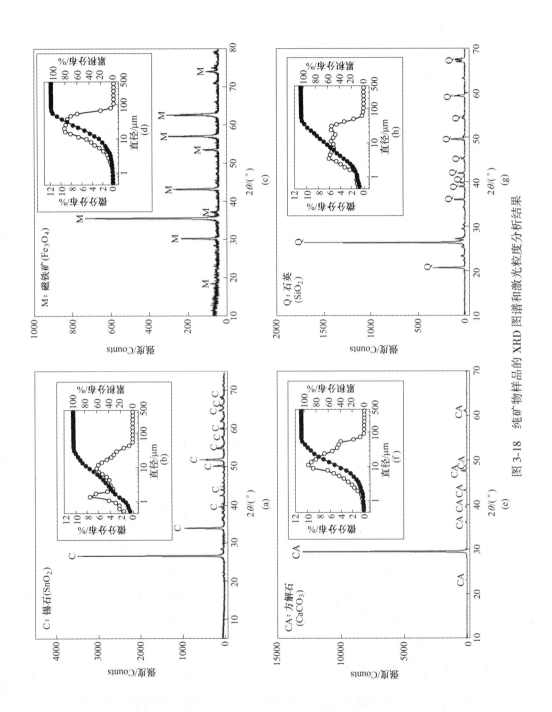

图 3-18　纯矿物样品的 XRD 图谱和激光粒度分析结果

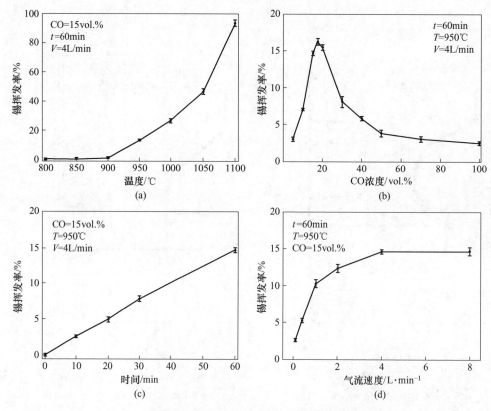

图 3-19　焙烧条件对锡还原挥发率的影响

到焙烧温度、CO 浓度、气流速度、焙烧时间等条件的影响，其中焙烧温度对 SnO_2 还原挥发的影响最为显著。当温度低于 900℃ 时，几乎检测不到锡的挥发，温度高于 1000℃，锡挥发率迅速升高；适宜 SnO_2 还原挥发的 CO 浓度区间为 15vol.% ~ 25vol.%，CO 浓度过高会导致 SnO_2 过还原成金属锡，因此不利于锡的还原挥发，图 3-19（b）中显示 CO 浓度高于 30vol.% 时，锡挥发率显著降低；随着还原气流速度的增大，锡挥发率呈逐渐增加趋势，当气流速度高于 4L/min 时，锡挥发率基本不变，因此，后续试验中气流速度均固定在 4L/min。该试验结果与 3.2.1 节热力学计算结果基本一致，气流速度越快，物料表面 SnO 气相分压越低，则有利于 SnO_2 还原挥发，当气流速度增加到一定程度后，还原反应主要受 SnO_2 的还原动力学控制，则气流速度对锡挥发率的影响变小。

3.4.1.2　焙烧气氛对 SnO_2 表面性质的影响

由热力学分析结合锡石还原挥发试验结果可知，当焙烧温度低于 900℃、CO 浓度低于 15vol.% 时，锡石没有发生还原挥发现象。因此，为进一步探究在此气氛、温度条件下，锡石（SnO_2）可能发生的表面性质变化，分别在100vol.%O_2气氛和5vol.%CO气氛、焙烧温度均为800℃条件下，将锡石样品焙烧120min，焙烧结束后，将焙烧样品迅速取出用液氮淬冷，分别对不同气氛下焙烧获得的样品进行XRD-Rietveld精修分析，结果如图3-20所示。从图可以看出，100vol.% O_2和5vol.%CO气氛下焙烧产物中仅有锡石的衍射峰，并无SnO、金属锡等新物质出现。精修分析结果表明，在两种气氛条件下锡石焙烧产物的晶胞参数变化小于0.01%，进一步说明在此焙烧温度和气氛条件下，锡石并没有发生可检测到的物相转变。因此，有必要对锡石表面性质变化进行更深入研究。

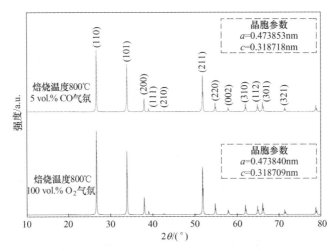

图3-20 不同气氛下焙烧锡石样品的XRD精修分析

采用X射线光电子能谱对100vol.%O_2气氛和5vol.%CO气氛条件下焙烧锡石样品进行分析，并对Sn、O元素进行高分辨扫描，结果如图3-21所示。从图中可以看出，O_2气氛下锡石焙烧样品表面的氧主要有两种存在形式，O 1s峰对应有吸附氧（O_α532.2eV）和晶格氧（O_β530.4eV）[23~25]。锡石（SnO_2）中Sn元素与O是六配位关系，锡石表面断面上的Sn达不到配位平衡状态时，很容易与气相中的O_2发生电荷交换（即$O_2 + e^- = O_2^-$；$O_2^- + e^- = 2O^-$），从而在锡石表面形成吸附氧（O_α）；通过面积积分可知，表层Sn、O元素摩尔比约28：72，表明其氧含量远高于SnO_2中理论氧含量。对Sn3d轨道的高分辨扫描结果也表明，锡石表面仅存在+4价锡离子，表明其表面的吸附氧并未对锡的结合能和价态产生影响。对于5vol.%CO气氛下锡石焙烧样品的表面，表层的Sn元素结合能更倾向于Sn^{2+}的缺电子状态；对O1s轨道的扫描结果表明，其表面没有吸附氧（O_α532.2eV）存在，O元素主要为晶格氧形式，并且O元素结合能峰值偏向O-Sn^{2+}（529.8eV）；对表面Sn、O元素相对含量积分结果表明，Sn、O元素摩尔比约41:59,表明其氧含量低于SnO_2中理论氧含量。

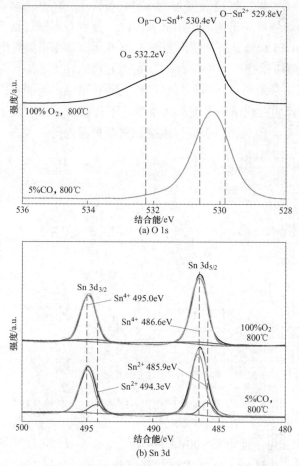

图 3-21　不同气氛下焙烧锡石样品 X 射线光电子能谱分析

已有研究表明,CO、CO_2 等气体可以在二氧化锡表面发生吸附,通过红外光谱(FTIR)可以检测到二氧化锡表面吸附氧及 CO 等气体的脱氧反应[26~28]。然而,前人在研究 CO、CO_2 对二氧化锡表面吸附的影响时,试验温度均低于550℃,对于较高温度下,CO、CO_2 对二氧化锡表面的吸附情况研究涉及极少。进而采用傅里叶红外光谱分析技术对锡石表面吸附 CO、CO_2 后的样品进行分析。试验过程中,为防止在焙烧过程中吸附的气体在冷却过程中发生解吸现象,在焙烧结束后立即用液氮冷却,随后立即进行 FTIR 分析,结果如图3-22所示。由图可知,锡石原矿未经焙烧时,在 400~4000cm^{-1} 范围内,未见 CO、CO_2、H_2O 分子和-OH 的振动峰,然而,在 5%~25% 的 $CO/(CO+CO_2)$ 气氛下焙烧后,从锡石的 FTIR 图谱可以明显看出,在 1700~1580cm^{-1} 为结晶 H_2O 变角振动峰;

2120cm⁻¹为气体 CO 的 Q 支振动峰；2359cm⁻¹为气体 CO_2 的反对称伸缩振动峰；3400cm⁻¹为液态 H_2O 强吸收谱带。4 种振动峰中液态 H_2O 和自由 H_2O 的振动峰是由于焙烧样品在液氮中剧冷时吸收空气中的水气产生的；CO 和 CO_2 气体振动峰的出现是由于在高温焙烧过程中吸附焙烧气氛中的 CO 和 CO_2 产生的。

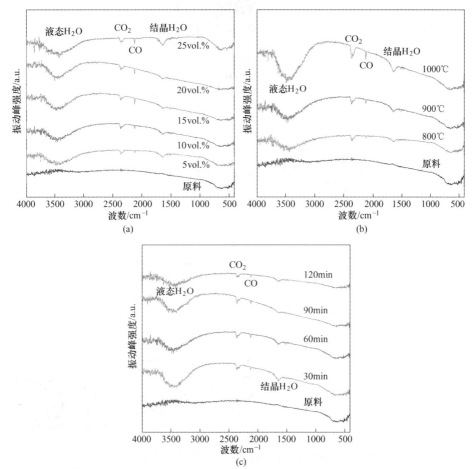

图 3-22　不同还原性气氛（a）、温度（b）和时间（c）下焙烧后锡石样品的红外光谱图
（所有试验焙烧样品均采用液氮冷却）
（a）焙烧温度 800℃，时间 1h；（b）CO/（CO + CO_2）= 10%，时间 1h；
（c）焙烧温度 800℃，10% CO/（CO+CO_2）

图 3-22（a）为焙烧温度 800℃、时间为 1h 和焙烧气氛为 CO/（CO + CO_2）= 5% ~ 25% 条件下锡石焙烧后与锡石原矿的 FTIR 对比分析图。当焙烧气氛中 CO/（CO + CO_2）超过 5% 时，CO 气体的振动峰强度呈增加趋势；当 CO/（CO + CO_2）超过 15% 时，CO 气体的振动峰强度基本保持不变；在焙烧气氛 CO/（CO + CO_2）= 5% ~ 25% 时，CO_2 的振动峰强度基本保持不变。从图 3-22（b）可以看

出，随着焙烧温度的增加，CO_2 和 CO 气体的振动峰强度均呈逐渐增加的趋势。当焙烧时间从 30min 延长至 90min 时（见图 3-22（c）），CO_2 和 CO 气体的振动峰值强度增加幅度非常小；当焙烧时间从 90min 增加至 120min 时，CO 气体的振动峰值强度有所降低。根据图 3-22（c）显示的关于 CO 吸附结果可知，在焙烧时间达到 30min 后，CO 气体在锡石表面的吸附基本达到平衡。

根据上述试验结果，可以画出 SnO_2 在不同焙烧气氛下的表面性质变化示意图如图 3-23 所示。

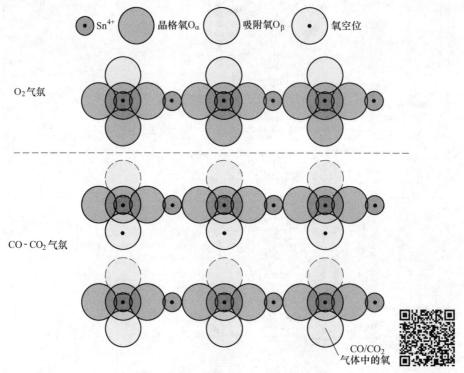

图 3-23 不同焙烧气氛下 SnO_2 表面氧空位形成模型

彩色原图

由图 3-23 可以看出，氧气气氛下，SnO_2 中六配位的 Sn 原子，极易吸附 O_2（$O_2 + e = O_2^-$；$O_2^- + e = 2O^-$；$SnO_2 + O^- = SnO_2 \cdots O^-$），造成表面 O 含量超过理论值[29,30]；在较低温度和弱 CO-CO_2 气氛条件下，SnO_2 并没有被还原成 SnO 或金属 Sn，SnO_2 表面的吸附氧首先与 CO 发生反应（$SnO_2 \cdots O^- + CO = SnO_2 + CO_2 + e$），而多余的电子仍与 Sn 原子结合，造成锡元素结合能降低，呈现出偏向 Sn^{2+} 的状态；吸附氧与 CO 反应之后，SnO_2 晶格氧进一步与 CO 结合，形成氧空位；SnO_2 表面的氧空位容易吸附 CO 或 CO_2 气体，SnO_2 和吸附的 CO、CO_2 共用 O 原子，因此，SnO_2 表面的 Sn、O 原子比略高于理论值 $1:2$。在 CO-CO_2 气氛下，SnO_2 表面产生的大量氧空位易吸附气相中的 CO 或 CO_2 气体，起到破坏 SnO_2 晶格稳定的作用，提高 SnO_2 表面活性，从而降低 SnO_2 与其他活性物质反应的活化能。

3.4.2 SnO_2-Fe_3O_4系

现有关于锡、铁氧化物体系的二元相图研究表明（见图 3-24），空气气氛下 Fe_2O_3 和 SnO_2 均有较高的熔点，二者之间很难发生反应，当温度高于 1700K 时，Fe_2O_3 分解产生的 Fe_3O_4 会与 SnO_2 反应生成新的尖晶石相；而在还原性气氛下（Fe_3O_4 或者 FeO 的稳定存在区），锡、铁氧化物会生成具有较低熔点（1288～

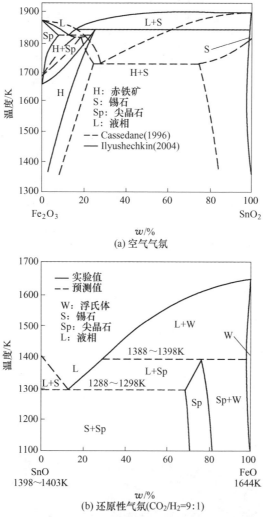

图 3-24 锡铁氧化物二元相图（空气气氛和还原性气氛）[31~33]

1298K）的锡铁尖晶石相[31~33]。结合已有的锡、铁氧化物 CO 还原气相平衡图（见图 3-24）可知，实现锡、铁氧化矿物选择性分离的热力学区域是铁氧化物稳定在 Fe_3O_4 或 FeO 阶段，而锡石则稳定在 SnO_2 或者 SnO(g) 阶段，同时避免还原生成金属锡。由相图分析结果可知，在还原性气氛下，锡、铁氧化物除了发生同步还原，还可能会有锡铁化合物形成。因此，本节以磁铁矿和锡石为原料，重点阐述 CO-CO_2 气氛下 Fe_3O_4-SnO_2 体系的反应行为。

3.4.2.1　焙烧过程物相变化规律

首先研究不同 CO 含量、焙烧温度、Sn/Fe 比和焙烧时间对 Fe_3O_4-SnO_2 体系焙烧产物物相组成的影响，结果如图 3-25~图 3-29 所示[34]。

焙烧气氛对 Fe_3O_4-SnO_2 体系反应起到至关重要的影响，由图 3-25 可以看出，N_2 气氛下，焙烧产物中仅能检测出磁铁矿和锡石的独立物相，说明二者之间并未发生反应；而在 10vol.%~20vol.%CO 气氛中，焙烧产物中出现了明显的锡铁尖晶石的衍射峰（$Fe_{3-x}Sn_xO_4$，$x=0.4$）；当气相中 CO 含量提高到 50vol.%~70vol.%时，产物中锡铁尖晶石的衍射峰显著减弱，此时铁氧化物主要以浮氏体（FeO）形式存在，同时锡的氧化物被还原成金属锡；当 CO 含量达到 100vol.%时，焙烧产物仅有金属锡和锡铁合金的衍射峰。上述结果与锡、铁氧化物 CO 还原平衡图中（见图3-24）所示的锡、铁氧化物的还原历程基本保持一致。值得注意的是，当气相中CO 含量为 10vol.%~20vol.%时（Fe_3O_4 的稳定存在区），锡氧化物和铁氧化物反应生成了新的锡铁尖晶石相，其形成机制将在后文作进一步阐述。

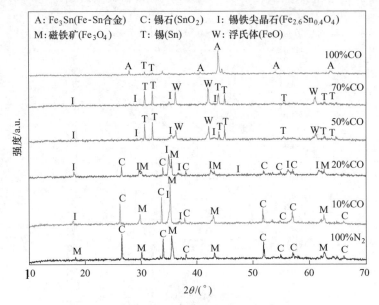

图 3-25　不同 CO 浓度条件下焙烧产物的 XRD 图谱

（锡石：磁铁矿质量比 1∶4，焙烧温度 950℃，焙烧时间 60min）

根据锡、铁氧化物 CO 还原平衡图，选择 CO 含量为 15vol.%，在此条件下，锡氧化物不会被还原为金属锡，同时铁氧化物可稳定在 Fe_3O_4 阶段而不被还原为 FeO。研究了焙烧温度在 800~1100℃ 范围内变化时对 Fe_3O_4-SnO_2 体系物相变化的影响，焙烧产物的 XRD 物相分析结果如图 3-26 所示。在焙烧温度低于 900℃ 时，产物中仅可发现锡石和磁铁矿的衍射峰；在焙烧温度为 900℃ 时，产物中同样存在锡石和磁铁矿物相，但开始出现了新的锡铁尖晶石相；随着焙烧温度升高至 1000℃ 和 1100℃ 时，焙烧产物中锡铁尖晶石相的衍射峰值显著增强，同时锡石的衍射峰逐渐减弱并消失。对焙烧产物 34°~36° 的衍射角度精细扫描结果表明，随着焙烧温度的升高，Fe_3O_4 的衍射峰逐渐向 $Fe_{3-x}Sn_xO_4$ 转变，主要是由于锡氧化物逐渐进入磁铁矿晶格发生晶格取代；当温度升高至 1100℃ 时，焙烧产物中 Fe_3O_4 的衍射峰基本消失。

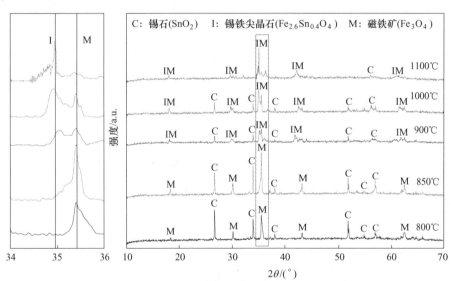

图 3-26 不同温度条件下焙烧产物的 XRD 图谱
（锡石：磁铁矿质量比 1:4，CO 含量 15vol.%，焙烧时间 60min）

已有文献报道，$Fe_{3-x}Sn_xO_4$ 中的锡呈 +4 价且可溶于稀盐酸，而 SnO_2 则不溶于稀盐酸[35,36]。本书结合化学物相分析方法，对不同温度下焙烧产物中锡的化学物相进行了测定，分析结果如图 3-27（a）所示。从图 3-27 可以看出，各焙烧产物中锡的价态均为 +4 价，产物中不存在 +2 价和 0 价锡；随着焙烧温度的升高，产物中锡铁尖晶石相中锡的含量不断增加，同时 SnO_2 相中锡的含量相应减少，表明焙烧温度升高有助于锡铁尖晶石的生成，结论与 XRD 分析结果基本一致。由图 3-27（b）可以看出，Fe_3O_4 对 SnO_2 的还原挥发起到抑制作用，Fe_3O_4-SnO_2 体系的挥发率显著低于单独 SnO_2 体系。以上结果说明，$SnO(g)$ 的形成与 $Fe_{3-x}Sn_xO_4$ 形成过程密切相关，但 $SnO_{(g)}$ 和 $Fe_{3-x}Sn_xO_4$ 中锡的价态分别为 +2 价和

+4价，因此 SnO 对 $Fe_{3-x}Sn_xO_4$ 形成的影响机制将在后文做进一步阐述。

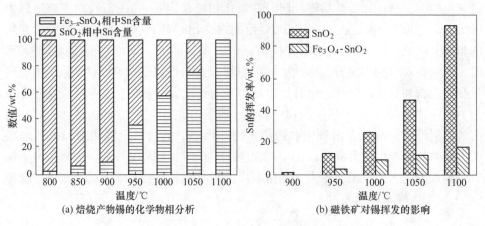

(a) 焙烧产物锡的化学物相分析　　(b) 磁铁矿对锡挥发的影响

图 3-27　不同温度条件下焙烧产物中 Sn 元素化学物相分析

（锡石：磁铁矿质量比 1∶4，CO 含量 15vol.%，焙烧时间 60min）

固定焙烧条件为：CO 浓度 15vol.%、焙烧温度 950℃、焙烧时间 60min，探讨不同锡石与磁铁矿质量比（C/M）对焙烧产物主要物相转变的影响规律，焙烧产物 XRD 分析结果如图 3-28 所示。可以看出，C/M 比值变化对产物中锡铁尖晶石（$Fe_{3-x}Sn_xO_4$）的 x 值有明显影响，C/M 比值越高，焙烧产物中掺杂进入磁铁矿晶格中的锡含量越多，然而，磁铁矿晶格中可提供给 Sn 离子的位置有限，因

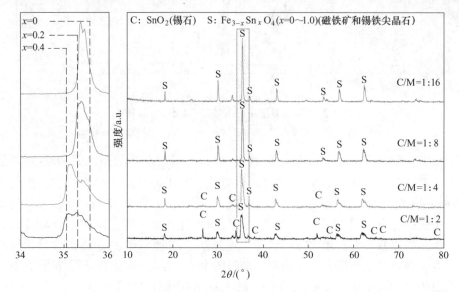

图 3-28　不同锡石与磁铁矿质量比条件下焙烧产物的 XRD 分析

（CO 含量 15vol.%，焙烧温度 950℃，焙烧时间 60min）

而尖晶石中 x 最高仅为0.5左右；当 C/M 比值增加到 1:4 和 1:2 时，焙烧产物中仍残留有大量未参与反应的锡石，说明锡铁尖晶石中锡已经基本达到掺杂量的上限。磁铁矿是典型的反尖晶石结构，单体晶胞为 32 个氧原子呈立方紧密堆积，形成 16 个八面体孔隙和 8 个四面体孔隙，8 个 Fe^{2+} 全部占据八面体孔隙，而 Fe^{3+} 一半填充八面体孔隙，另一半填充四面体孔隙。当有 Sn^{4+} 掺杂进入尖晶石晶格时，部分占据八面体孔隙的 Fe^{3+} 让位于 Sn^{4+}，周围的 Fe^{3+} 与 Fe^{2+} 进行电子交换以达到电价平衡，因此，Fe_3O_4 和 $Fe_{3-x}Sn_xO_4$ 的离子式可以分别表示为 $[Fe^{2+}][Fe^{3+}]_2[O^{2-}]_4$ 和 $[Fe^{2+}]_{1+x}[Fe^{3+}]_{2-2x}[Sn^{4+}]_x[O^{2-}]_4$。

固定锡石与磁铁矿比例（C/M）1:4、焙烧温度 950℃、焙烧 CO 浓度 15vol.%，研究了焙烧时间对锡铁尖晶石形成过程的影响，焙烧时间在 15~600min 的范围内变化，各焙烧产物 XRD 分析结果如图 3-29 所示。从图中结果可以看出，随着焙烧时间的延长，锡铁尖晶石的衍射峰明显逐渐增强；当焙烧时间延长至 600min，焙烧产物中仅存在锡铁尖晶石的衍射峰，而磁铁矿的衍射峰基本消失。

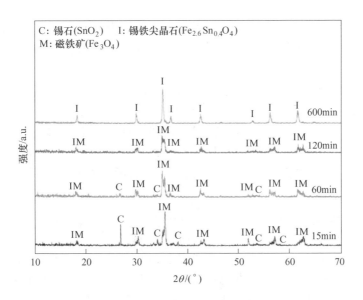

图 3-29　不同焙烧时间条件下焙烧产物的 XRD 图谱

（锡石与磁铁矿质量比 1:4，CO 含量 15vol.%，焙烧温度 950℃）

进一步对不同条件下获得的焙烧样品进行 VSM 磁性能测试，得到各样品的磁滞回线结果如图 3-30 所示。

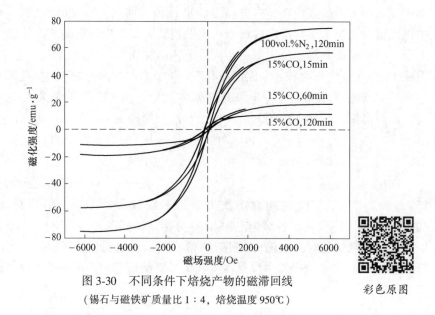

图 3-30   不同条件下焙烧产物的磁滞回线
（锡石与磁铁矿质量比 1∶4，焙烧温度 950℃）

彩色原图

由图 3-30 可以看出，以 N_2 气氛下焙烧产物作为参照，$CO-CO_2$ 气氛下焙烧产物的饱和磁化系数随时间延长而降低。有学者研究了 $Fe_{3-x}Sn_xO_4$ 的磁性能随锡掺杂量的变化规律，表明锡掺杂量越高，其饱和磁化系数越小。结合 XRD 分析结果可知，在 100vol.% N_2 气氛下，锡石与磁铁矿之间的反应极其困难，在 950℃焙烧时不会有锡铁尖晶石形成，产物中仍为独立的磁铁矿物相，磁性较强；而在 15vol.%CO 气氛下焙烧，锡铁尖晶石很容易形成，随焙烧时间的延长，产物中锡铁尖晶石含量增加，焙烧产物的饱和磁化系数逐渐减弱；当焙烧时间延长至 600min 时，焙烧产物中仅能检测到锡铁尖晶石的衍射峰，此时焙烧产物饱和磁化系数降至最低。

进一步采用扫描电镜-能谱分析了 15vol.%CO 气氛下焙烧产物（C/M 比值 1∶4、温度 950℃、时间 60min）的微观结构特性及 Sn、Fe 元素的赋存形态，检测结果如图 3-31 所示。由图可知，焙烧产物中的主要物相是锡铁尖晶石（图中 A 点和 C 点）、磁铁矿（图中 B 点）和锡石（图中 D 点）。能谱分析结果表明，生成的锡铁尖晶石（A 点和 C 点）中 Sn 与 Fe 原子比分别为 5.58∶41.17 和 6.23∶40.56，比值接近 0.4∶2.6，这与 XRD 分析结果基本一致。对焙烧产物中的 Sn、Fe 和 O 元素的线扫描和面扫描结果表明，锡、铁元素分布规律呈现出明显的偏析现象，在锡石颗粒中未发现锡铁尖晶石物相出现，锡石颗粒面扫描也没有出现铁元素；而在磁铁矿颗粒周围，形成一层厚度约 2μm 的锡铁尖晶石产物层，而磁铁矿颗粒内部的锡含量几乎为零。以上结果说明，焙烧过程中，锡元素发生明显的向磁铁矿颗粒迁移的现象，锡铁尖晶石产物层的形成与气-固反应的"未反

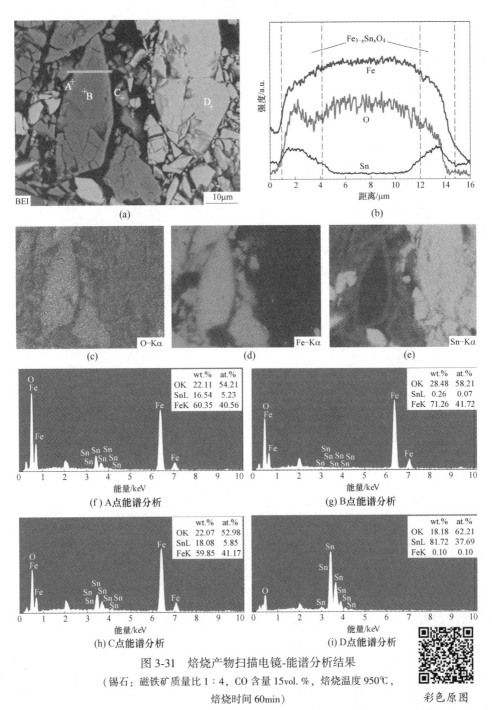

图 3-31　焙烧产物扫描电镜-能谱分析结果

（锡石：磁铁矿质量比 1:4，CO 含量 15vol.%，焙烧温度 950℃，

焙烧时间 60min）

（a）背散射图；（b）绿色线方向线扫描；（c）~（e）图（a）的 O、Fe、Sn

元素的能谱面扫描图；（f）~（i）A，B，C，D 点的能谱分析

应核模型"很类似，推测 SnO_2-Fe_3O_4 体系可能发生了 SnO_2 被还原至气相 SnO（g）的中间反应，而锡铁尖晶石产物层主要是通过中间产物 SnO 气体向磁铁矿颗粒扩散形成的。接下来将重点论述气相 SnO 与磁铁矿间的反应机制。

3.4.2.2　气相 SnO 与 Fe_3O_4 的反应机制

根据上述 CO-CO_2 气氛下锡石与磁铁矿体系的反应结果，推断产物中锡铁尖晶石物相是由气相 SnO 与磁铁矿发生气-固反应而形成的。为证实这一推测，设计了如图 3-32 的反应模型，采用上下两层铂丝网，上层放置磁铁矿小球，下层放置锡石小球。试验时，CO-CO_2 混合气体先通过下层的锡石小球，因而锡石先部分还原成 SnO（g），SnO（g）随气流通过磁铁矿小球周围。焙烧条件固定为焙烧温度 950℃、气相中 CO 浓度 15vol.%，此条件是磁铁矿的热力学稳定存在区，同时锡石可以被还原成 SnO 气体。试验过程中，锡石与磁铁矿是完全隔开的，可以排除锡铁尖晶石是通过磁铁矿与锡石发生固-固反应生成的可能性。

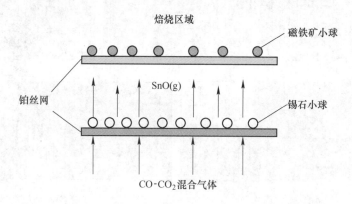

图 3-32　模拟气相 SnO 与磁铁矿发生气-固反应试验示意图

为深入探究气相 SnO 与磁铁矿的反应特性，对焙烧后的磁铁矿小球剖面进行扫描电镜-能谱成分分析，结果如图 3-33 所示。在焙烧后的磁铁矿小球外层，形成一层厚度约为 5μm 的锡铁尖晶石（$Fe_{3-x}Sn_xO_4$）产物层；结合 Sn、Fe 和 O 元素的面扫描分析可知，锡元素仅分布在磁铁矿颗粒表层，磁铁矿颗粒中心位置锡含量几乎为零。图 3-33（a）选取的天然磁铁矿颗粒存在一处裂纹，在裂纹延伸到颗粒内部区域也可以看出，锡元素向颗粒内部扩散加强。设计的试验模型已基本排除了锡石与磁铁矿之间生成锡铁尖晶石是通过固相反应发生的可能性，在此试验条件下，锡铁尖晶石形成的唯一途径就是 $Fe_3O_4 + xSnO(g) \rightarrow Fe_{3-x}Sn_xO_4$。根据以上试验结果，可确定 CO-$CO_2$ 气氛下 SnO_2-Fe_3O_4 反应生成锡铁尖晶石的关键是中间产物 SnO（g）的形成，$Fe_{3-x}Sn_xO_4$ 中的锡为 +4 价，说明气相 SnO（g）

可以将Fe_3O_4中部分 Fe^{3+} 还原成 Fe^{2+}，同时 Sn^{2+} 被氧化成 Sn^{4+}，Sn 主要以气相 SnO 形式扩散进入磁铁矿晶格中，发生氧化还原反应的同时，占据晶格中八面体空位的 Fe^{3+} 被 Sn^{4+} 所取代，最终形成了锡铁尖晶石（$Fe_{3-x}Sn_xO_4$）。$Fe_{3-x}Sn_xO_4$ 的化学式可以表达为 $x(Fe_2SnO_4) \cdot (1-x)(Fe_3O_4)$。当 $x=1$ 时，气相 SnO(g) 与 Fe_3O_4 反应生成结合 $Fe_{3-x}Sn_xO_4$ 的形成历程可表示为：

$$[Sn^{2+}][O^{2-}] + [Fe^{2+}][Fe^{3+}]_2[O^{2-}]_4 \Longrightarrow [Fe^{2+}]_2[Sn^{4+}][O^{2-}]_4 + [Fe^{2+}][O^{2-}]$$

$$(3\text{-}52)$$

一个二价锡可以还原两个三价铁成二价铁，加上磁铁矿本身有一个二价铁，一个四价锡仅能结合两个二价铁，因此，必须有一个二价铁游离出来，然而试验所选择的气氛温度区间是 Fe_3O_4 的稳定存在区，所以新生成的 FeO 在实际过程中会迅速转化成为 Fe_3O_4。

结合上述试验结果与分析，可以得出 CO-CO_2 气氛下 SnO_2-Fe_3O_4 体系中生成锡铁尖晶石（$Fe_{3-x}Sn_xO_4$）的反应机制如图 3-34 所示。

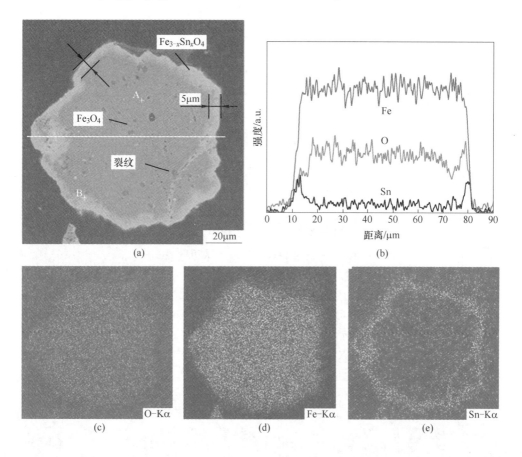

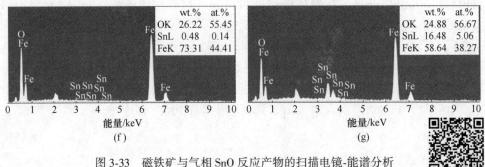

图 3-33　磁铁矿与气相 SnO 反应产物的扫描电镜-能谱分析

（a）背散射图；（b）绿色线方向线扫描；（c）~（e）O，Fe，Sn 元素的能谱面扫描图；
（f）（g）A，B 点的能谱分析

彩色原图

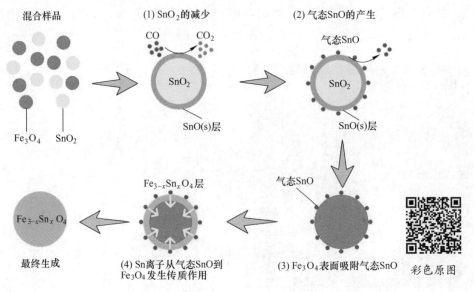

图 3-34　CO-CO$_2$ 气氛下 Fe$_{3-x}$Sn$_x$O$_4$ 形成历程示意图

彩色原图

由图 3-34 可以看出，锡铁尖晶石（Fe$_{3-x}$Sn$_x$O$_4$）的形成历程可以分为以下 4 步进行：（1）SnO$_2$ 在 CO-CO$_2$ 气氛中首先被还原成 SnO(s)；（2）高温条件下 SnO(s) 转化为气相 SnO(g) 并向外扩散；（3）SnO(g) 在 Fe$_3$O$_4$ 颗粒表面发生吸附；（4）SnO(g) 与 Fe$_3$O$_4$ 发生界面化学反应，通过离子迁移和传质作用，最终形成 Fe$_{3-x}$Sn$_x$O$_4$。整个反应总方程式可认为是：

$$x[Sn^{4+}][O^{2-}]_2 + \frac{3-x}{3}[Fe^{2+}][Fe^{3+}]_2[O^{2-}]_4 + \frac{2x}{3}[C^{2+}][O^{2-}] =\!=\!=$$

$$[Fe^{2+}]_{1+x}[Fe^{3+}]_{2-2x}[Sn^{4+}]_x[O^{2-}]_4 + \frac{2x}{3}[C^{4+}][O^{2-}]_2 \qquad (3\text{-}53)$$

试验选择的 $CO-CO_2$ 气氛和温度条件是 Fe_3O_4 的稳定存在区,因此在焙烧过程中,Fe_3O_4 本身并不会与 $CO-CO_2$ 气体介质发生氧化还原反应;当有 SnO_2 存在的情况下,体系倾向于生成更稳定的 $Fe_{3-x}Sn_xO_4$,Sn 元素首先以 SnO 气相形式从 SnO_2 向 Fe_3O_4 表面迁移并扩散;Sn^{2+} 与 Fe^{2+} 相比具有更强的还原性,很容易将 Fe^{3+} 还原成 Fe^{2+},而自身被氧化成 Sn^{4+}。

综上,通过在 $CO-CO_2$ 气氛下 $SnO_2-Fe_3O_4$ 体系的反应机制研究,查明了中间物相 SnO 气相的生成是影响 $Fe_{3-x}Sn_xO_4$ 形成的关键环节。根据 $CO-CO_2$ 气氛下 SnO_2 还原生成 SnO 的研究结果可知,焙烧温度和 $CO/(CO+CO_2)$ 浓度是影响 SnO(g) 生成的重要因素。因此,在 $SnO_2-Fe_3O_4-CO-CO_2$ 反应体系中,气氛、温度共同影响锡铁尖晶石的生成过程[37]。

3.4.2.3 SnO_x-FeO_x 体系的氧化还原反应

前文研究结果表明,在 $CO-CO_2$ 气氛下 SnO_2 与 Fe_3O_4 反应生成锡铁尖晶石过程中,中间产物 SnO 的生成至关重要。本节主要介绍 $CO-CO_2$ 气氛下低价锡物相(主要包括 SnO(s)、SnO(g) 和金属锡)与铁氧化物可能发生的氧化还原反应。首先计算 SnO_x-FeO_x 体系可能发生反应的 $\Delta G_T^{\ominus}-T$,结果见表 3-10。

表 3-10 SnO_x-FeO_x 体系可能发生的氧化还原反应及 $\Delta G_T^{\ominus}-T$ 方程式

公式号	反 应 式	$\Delta G_T^{\ominus}-T$
(3-54)	$3Fe_2O_3 + SnO(s) = 2Fe_3O_4 + SnO_2$	$\Delta G^{\ominus} = -56.7 - 0.037T$, kJ/mol
(3-55)	$1/4Fe_3O_4 + SnO(s) = 3/4Fe + SnO_2$	$\Delta G^{\ominus} = -29.8 + 0.035T$, kJ/mol
(3-56)	$Fe_3O_4 + SnO(s) = 3FeO + SnO_2$	$\Delta G^{\ominus} = -5.3 + 0.006T$, kJ/mol
(3-57)	$FeO + SnO(s) = Fe + SnO_2$	$\Delta G^{\ominus} = -38.0 + 0.044T$, kJ/mol
(3-58)	$3Fe_2O_3 + SnO(g) = 2Fe_3O_4 + SnO_2$	$\Delta G^{\ominus} = -341.0 + 0.109T$, kJ/mol
(3-59)	$1/4Fe_3O_4 + SnO(g) = 3/4Fe + SnO_2$	$\Delta G^{\ominus} = -314.2 + 0.181T$, kJ/mol
(3-60)	$Fe_3O_4 + SnO(g) = 3FeO + SnO_2$	$\Delta G^{\ominus} = -289.6 + 0.152T$, kJ/mol
(3-61)	$FeO + SnO(g) = Fe + SnO_2$	$\Delta G^{\ominus} = -322.4 + 0.190T$, kJ/mol
(3-62)	$6Fe_2O_3 + Sn = 4Fe_3O_4 + SnO_2$	$\Delta G^{\ominus} = -87.0 - 0.090T$, kJ/mol
(3-63)	$1/2Fe_3O_4 + Sn = 3/2Fe + SnO_2$	$\Delta G^{\ominus} = -33.3 + 0.053T$, kJ/mol
(3-64)	$2Fe_3O_4 + Sn = 6FeO + SnO_2$	$\Delta G^{\ominus} = 15.8 - 0.003T$, kJ/mol
(3-65)	$2FeO + Sn = 2Fe + SnO_2$	$\Delta G^{\ominus} = -49.7 + 0.073T$, kJ/mol

已知铁氧化物还原历程在温度低于 570℃时为 $Fe_2O_3 \rightarrow Fe_3O_4 \rightarrow Fe$,而在温度高于 570℃时为 $Fe_2O_3 \rightarrow Fe_3O_4 \rightarrow FeO \rightarrow Fe$。根据表 3-10 计算结果可知,低价的锡

化合物均具备还原高价铁氧化物的能力，金属锡可将 Fe_2O_3 还原成 Fe_3O_4；SnO (s) 很容易将 Fe_2O_3 还原成 Fe_3O_4 或者 FeO；而所有含锡氧化物中，SnO(g) 的还原性最强，可以将铁氧化物还原成 FeO 甚至金属铁。为进一步研究气相 SnO 与铁氧化物之间的反应热力学，将反应式（3-54）~式（3-65）与式（3-11）联立求解，绘制出气相 SnO(g) 还原铁氧化物的优势区图，如图 3-35 所示。

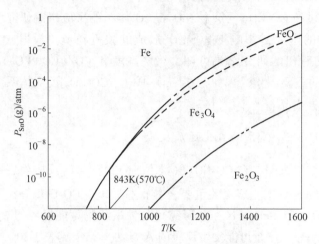

图 3-35　气相 SnO 还原铁氧化物平衡图

由图 3-35 可以看出，气相 SnO 还原铁氧化物的反应受气相 SnO 分压和温度的共同影响。结合 3.2 节分析结果可知，SnO_2 还原成气相 SnO 的过程受温度、CO 浓度、气相 SnO 分压的共同影响，而实际体系中气相 SnO 的分压相对较低，因而很难将铁氧化物还原成金属铁。结合上述试验及热力学计算结果可知，在 Fe_3O_4-SnO_2-CO-CO_2 体系中，气相 SnO 作为关键中间产物可以显著促进锡铁尖晶石的形成，锡铁尖晶石生成的热力学区间为 Fe_3O_4 和 SnO(g) 稳定共存区。

3.4.3　SnO_2-CaO 系

自然界含量最多的含钙矿物是石灰石、方解石和白云石等碳酸盐矿物，本节以方解石和锡石纯矿物为原料，阐述了不同气氛下 SnO_2-CaO 体系的反应机制。目前已知的 Ca-Sn-O 体系仅有 $CaSnO_3$ 和 Ca_2SnO_4 两种化合物，因此，后续研究中，方解石与锡石纯矿物均按 Ca/Sn 摩尔比 2:1 配料后再进行试验。

3.4.3.1　焙烧气氛的影响

首先研究焙烧气氛对 SnO_2-CaO 体系主要物相变化的影响，固定焙烧温度为 1000℃，焙烧时间为 30min，将方解石与锡石混合样品分别置入空气气氛和不同 CO-CO_2 气氛（CO 浓度在 5vol.%~50vol.% 范围内变化）中，对不同条件下获得的焙烧产物进行 XRD 分析，结果如图 3-36 所示。

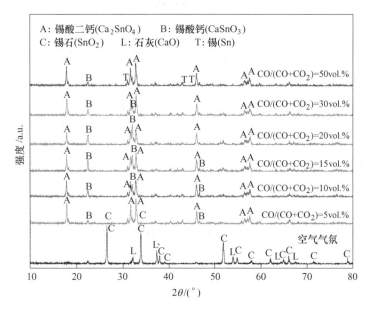

图 3-36　不同焙烧气氛下焙烧产物的 XRD 图谱

（Ca/Sn 比例 2∶1，焙烧温度 1000℃，时间 30min）

由图 3-36 可以看出，空气气氛焙烧产物中的主要物相是锡石和 CaO（CaO 是由方解石受热分解产生的），表明此条件下 SnO_2 与 CaO 不会发生进一步反应。方解石在 800℃左右受热开始分解，其方程式为：

$$CaCO_3 \Longrightarrow CaO + CO_2(g), \quad \Delta G^{\ominus} = -0.149T + 172.7, \quad kJ/mol \quad (3-66)$$

当 CO 浓度为 5vol.%时，产物中开始有大量 Ca_2SnO_4 形成，并且锡石的衍射峰明显减弱；当 CO 浓度增加到 10vol.%~30vol.%时，焙烧产物中仅能观察到 $CaSnO_3$ 和 Ca_2SnO_4 的衍射峰，并且 Ca_2SnO_4 是主要物相；CO 浓度进一步增强到 50vol.%时，焙烧产物中主要物相为 Ca_2SnO_4，并出现少量金属锡的衍射峰。

由此可知，$CO-CO_2$ 气氛对 SnO_2-CaO 体系反应的影响显著。为进一步比较空气气氛和 $CO-CO_2$ 气氛条件下锡酸钙的生成规律，分别将方解石与锡石混合样品置入空气气氛和 15vol.%CO 气氛下进行焙烧，并对不同温度条件下的焙烧产物进行 XRD 物相分析，结果如图 3-37 和图 3-38 所示。

从图中可以看出，在空气气氛下，SnO_2 与 CaO 的反应需要在较高的温度才可以进行，当焙烧温度在 1000℃和 1100℃时，焙烧产物的主要物相还是 SnO_2 和 CaO，而 $CaSnO_3$ 和 Ca_2SnO_4 的衍射峰均很弱；当温度升高到 1200℃和 1300℃时，焙烧产物中 $CaSnO_3$ 和 Ca_2SnO_4 的衍射峰明显增强，而 SnO_2 和 CaO 的衍射峰逐渐减弱并消失；当温度进一步升高到 1400℃时，焙烧产物中仅能检测到 Ca_2SnO_4 物

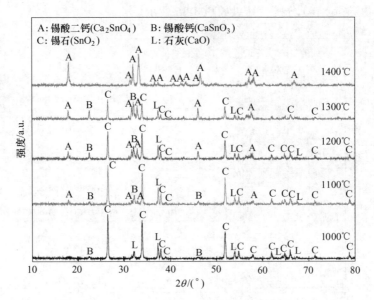

图 3-37　不同温度下焙烧产物的 XRD 图谱

（Ca/Sn 比例 2∶1，空气气氛，焙烧时间 30min）

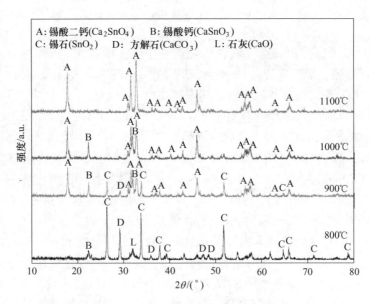

图 3-38　不同温度下焙烧产物的 XRD 图谱

（Ca/Sn 比例 2∶1，CO 浓度 15vol.%，焙烧时间 30min）

相。已有研究表明，空气气氛下 SnO_2-CaO 体系仅存在 $CaSnO_3$ 和 Ca_2SnO_4 两种化合物，其中 $CaSnO_3$ 被认为是一种中间化合物，而 Ca_2SnO_4 性质更加稳定，因此最终产物的物相主要是 Ca_2SnO_4。

比较而言，在 15vol.%CO 气氛下，锡酸钙物相更容易形成，且开始生成的温度显著降低；在 800℃ 条件下的焙烧产物 XRD 图谱中已经开始出现 $CaSnO_3$ 的衍射峰；温度提高到 900℃ 时，焙烧产物中 Ca_2SnO_4 物相开始大量生成，同时 SnO_2 物相的衍射峰明显减弱；当温度达到 1000℃ 时，焙烧产物 SnO_2 和 CaO 物相基本消失，可观测到大量 Ca_2SnO_4 衍射峰和少量 $CaSnO_3$ 的衍射峰；当温度达到 1100℃ 时，$CaSnO_3$ 的衍射峰消失，仅能观测到 Ca_2SnO_4 衍射峰。

对比图 3-37 和图 3-38 分析结果可以看出，15vol.%CO 气氛显著降低了 SnO_2 与 CaO 反应生成锡酸钙的温度。对 15vol.%CO 气氛下焙烧获得的样品中锡的化学物相进行了分析，结果如图 3-39 所示。当有方解石存在时，锡石在 15vol.%CO 气氛下焙烧时锡挥发率显著降低，焙烧温度为 1100℃ 时，锡挥发率仅为 1.3wt.%，而单独锡石在 15vol.%CO 气氛下焙烧时锡挥发率则达到 47.6wt.%，说明在还原焙烧过程中，锡酸钙的形成明显抑制了锡以 SnO 形式挥发。当焙烧温度由 800℃ 升高到 1000℃ 时，焙烧产物中锡酸钙的含量显著增加。值得关注的是，当焙烧温度达到 900℃ 时，产物中锡酸钙含量已经达到 68.3wt.%，此时锡挥发率仅为 0.8wt.%。以上结果证实，适宜锡酸钙形成的温度和气氛条件低于 SnO_2 还原至 SnO 气相挥发的热力学条件。

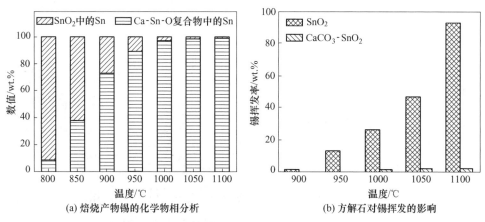

图 3-39　不同温度条件下焙烧产物中锡元素的化学物相分析

（Ca/Sn 比例 2:1，CO 含量 15vol.%，焙烧时间 60min）

结合 3.4.1 节中研究结果可知，在低于 SnO_2 还原挥发条件下焙烧的锡石样品，表面产生了氧缺陷，因而可同时吸附气相中的 CO 和 CO_2 气体；另一方面，化学方法检测的 Sn 虽然没有发生价态变化，但 XPS 结果表明，在 $CO-CO_2$ 气氛下焙烧后样品中的锡元素可以获得电子，表面锡的结合能开始倾向于+2 价，这些都为 $CO-CO_2$ 气氛下锡石与各种碱性氧化物的反应提供了条件。

为进一步研究锡酸钙形成过程中锡元素发生的价态改变和表面性质变化，采用 XPS 测试技术分别对空气气氛和 15vol.%CO 气氛条件下方解石-锡石混合样品的两种焙烧产物进行测定，并对 Sn 元素的 3d 轨道进行高分辨扫描分析，结果如图 3-40 所示。可以看出，空气气氛下焙烧产物锡元素的 3d 轨道结合能与文献中报道的 Sn^{4+} 峰值吻合[38]，$Sn3d_{3/2}$ 和 $Sn3d_{5/2}$ 的结合能分别为 495.0eV 和 486.6eV。但是，15vol.%CO 气氛下的焙烧产物的 Sn3d 轨道分峰结果表明，锡元素结合能偏向+2 价；结合锡元素化学物相分析，产物中并未发现锡的低价化合物（如 SnO、Sn 等物质）。因此，XPS 分析结果表明，15vol.%CO 气氛下形成的锡酸钙表面锡偏向+2 价的得电子状态，说明 SnO 等低价态锡物相可能作为中间产物，促进了锡酸钙的形成。后文将对此重点进行阐述。

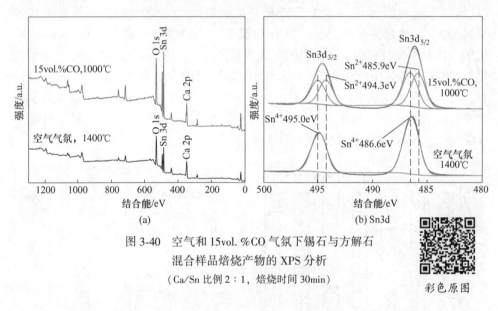

(a)　　　　　　　　　　(b) Sn3d

图 3-40　空气和 15vol.%CO 气氛下锡石与方解石
混合样品焙烧产物的 XPS 分析
（Ca/Sn 比例 2:1，焙烧时间 30min）

彩色原图

3.4.3.2　中间产物 SnO 对锡酸钙形成的影响

CO-CO_2 气氛下锡酸钙的形成规律研究表明，低价锡化合物对锡酸钙的形成起到促进作用，而在 CO-CO_2 气氛下，SnO 是最可能形成的中间产物。因此，本节首先计算 CaO-SnO_2-CO-CO_2 体系可能发生的主要化学反应的 $\Delta G_T^{\ominus}$-T 关系式，选择主要固体产物以 Ca_2SnO_4 为例，见表 3-11。

表 3-11　CaO-SnO_2-CO-CO_2 体系可能发生的主要反应及 $\Delta G_T^{\ominus}$-T 方程式

公式号	反 应 式	$\Delta G_T^{\ominus}$-T
(3-13)	$SnO_2 + 2CO = Sn + 2CO_2$	$\Delta G^{\ominus} = 15.6 - 0.033T$, kJ/mol

公式号	反 应 式	$\Delta G_T^{\ominus}\text{-}T$
(3-14)	$SnO_2 + CO = SnO + CO_2$	$\Delta G^{\ominus} = 15.8 - 0.017T$，kJ/mol
(3-67)	$2CaO + SnO_2 = Ca_2SnO_4$	$\Delta G^{\ominus} = 0.243T - 216.090$，kJ/mol
(3-68)	$2SnO + 2CaO = Ca_2SnO_4 + Sn$	$\Delta G^{\ominus} = 0.510T - 751.055$，kJ/mol

CaO 与 SnO_2 直接发生化合反应在低于 1300℃ 的温度条件下很难进行，而在超过 1300℃ 时，该化合反应开始缓慢进行。CaO 被还原成金属态需要 2000℃ 以上的高温，而在此体系下不可能发生，本书不做讨论。相对而言，CaO 与 SnO 反应生成锡酸钙的可能性更高，根据价态平衡原理计算，锡酸钙的生成反应最可能按照反应式（3-68）进行，Sn^{2+} 发生歧化反应，形成锡酸钙（Sn^{4+}）的同时，部分形成金属锡（Sn^0）相。

进一步将方解石和固体 SnO 粉末（AR 分析纯试剂）按照摩尔比 2∶1 配料混匀后，采用 TG-DSC 分析了混合样品在升温过程中的失重和吸热-放热行为，试验结果如图 3-41 所示。方解石的分解在惰性气氛中从 700℃ 开始，温度升高到 810℃ 左右，分解反应基本结束，温度继续升高时样品不再有失重，混合样品失重率为 25.56wt.%，这与方解石完全分解产生 CO_2 的质量基本相等，表明在 CaO 存在条件下，SnO 在高温条件下没有发生挥发而失重。DSC 曲线表明，在 700～800℃ 可以明显观测到吸热峰，而在 810～830℃ 之间可以发现一个小的放热峰，推测可能是锡酸钙的生成反应导致的。

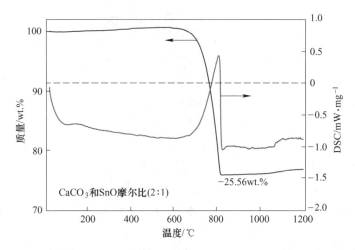

图 3-41　$CaCO_3$ 和 SnO 混合样品的 TG-DSC 曲线（氩气气氛）

为证实上述推测，将方解石与 SnO 混合样品置于 1000℃ 的惰性气氛下焙烧 30min 后，采用 XRD 分析焙烧产物的物相组成，结果如图 3-42 所示。可以看出，

焙烧产物中仅存在 Ca_2SnO_4 和金属锡的衍射峰，以上结果验证了反应式（3-68）很容易进行，SnO 的生成以及 SnO_2 表面缺电子状态的形成是促进锡酸钙形成的关键。然而不同温度条件下焙烧产物的物相分析结果也表明，焙烧产物中并没有发现金属锡的衍射峰；结合 SnO_2-CO-CO_2 气相平衡图可推断，锡酸钙生成过程同步形成的金属锡并不能稳定存在，会被气相中的 CO_2 氧化成 SnO 并且继续参与反应。

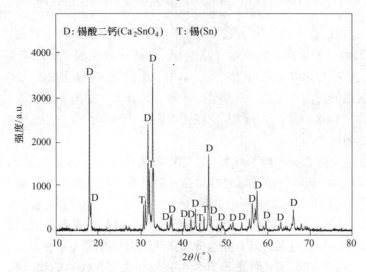

图 3-42　$CaCO_3$ 和 SnO 混合样品的焙烧产物的 XRD 图谱

（焙烧温度 1000℃，100vol.%N_2 气氛，焙烧时间 30min）

根据上述试验结果，为进一步探究锡中间氧化物的生成对锡酸钙形成的影响，分别按照以下摩尔比进行配料：（1）$CaCO_3$：SnO_2：Sn = 2：0.9：0.1；（2）$CaCO_3$：SnO_2：SnO = 2：0.9：0.1；（3）$CaCO_3$：SnO_2：Fe = 2：0.9：0.1；（4）$CaCO_3$：SnO_2：Zn = 2：0.9：0.1，然后将以上混合原料置入高纯氮气气氛下焙烧，固定焙烧温度 1000℃、时间 30min，对各焙烧产物进行 XRD 物相分析，同时将 $CaCO_3$：SnO_2 = 2：1 的混合样品在空气和 15vol.%CO 气氛下焙烧产物的 XRD 分析作为参照，结果如图 3-43 所示。

从图中试验结果可以看出，当有少量 SnO、单质 Sn、单质 Fe 或者单质 Zn 存在时，焙烧产物中锡酸钙更容易生成。添加的低价锡氧化物或金属单质的化学计量数不足以将 SnO_2 完全还原成 SnO，但是从试验结果分析可知，SnO_2 转化成锡酸钙的转化率均超过 95wt.%。

可以推断，金属单质可以将 SnO_2 部分还原成 SnO，促进 SnO 与 CaO 反应生成锡酸钙，而在没有 CO-CO_2 气氛存在时，新生成的金属锡单质会继续还原 SnO_2，促进反应不断正向进行并生成锡酸钙。

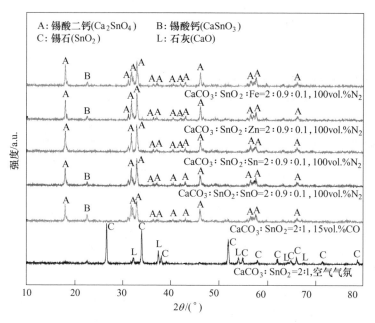

图 3-43　低价锡氧化物和金属单质对 Ca_2SnO_4 生成的影响

（焙烧温度 1000℃，时间 30min）

　　不同焙烧条件下，同时考虑含锡中间化合物存在时，将锡酸钙的生成反应历程进行归纳总结，见表 3-12。从表可以看出，CaO 与 SnO_2 直接发生化合反应较困难，而在 CO-CO_2 气氛下，或者体系中有 Sn、SnO 等还原剂存在时，SnO 与 CaO 的反应在较低温度下就可以进行，当体系中有 SnO 时，可以显著促进锡酸钙的形成[38~40]。在此过程中，锡酸钙的生成反应主要按照表 3-12 所示分步进行，但总反应式仍为式（3-67）。

表 3-12　不同焙烧条件下 Ca_2SnO_4 的形成历程

试验条件	分步反应	总反应
CaO + SnO_2；空气中	—	$2CaO + SnO_2 = Ca_2SnO_4$
CaO + SnO_2；15vol.%CO	$SnO_2 + CO = SnO + CO_2$ $2SnO + 2CaO = Ca_2SnO_4 + Sn$ $Sn + CO_2 = SnO + CO$	$2CaO + SnO_2 = Ca_2SnO_4$
CaO + SnO_2 + SnO；100vol.% N_2	$2SnO + 2CaO = Ca_2SnO_4 + Sn$ $SnO_2 + Sn = 2SnO$	$2CaO + SnO_2 = Ca_2SnO_4$
CaO + SnO_2 + Sn；100vol.% N_2	$SnO_2 + Sn = 2SnO$ $2SnO + 2CaO = Ca_2SnO_4 + Sn$	$2CaO + SnO_2 = Ca_2SnO_4$

3.4.3.3　锡酸钙的还原行为

前文分析了不同焙烧气氛条件下 SnO_2-CaO 体系的反应机制及锡酸钙的生成行为，本节主要阐述体系中新生成的锡酸钙在不同条件下的还原行为，旨在为从含锡复合资源中选择性还原回收锡提供理论指导。

CaO 与 SnO 的结合能力强，当有 CaO 存在时，SnO 优先与 CaO 反应生成锡酸钙，从而抑制了 SnO 的挥发。目前工业上处理低锡物料（锡含量 1wt.% ~ 5wt.%）最有效的方法是氯化挥发，添加氯化剂（主要包括 $CaCl_2$、$NaCl$、Cl_2 等）和还原剂，将锡氧化物还原成+2 价以 $SnCl_2$ 形式挥发。如果在综合利用含锡复合资源过程中生成了锡酸钙，考虑采用基于氯化挥发的综合回收锡的技术思路，因而，此处重点考查了 Ca_2SnO_4-$CaCl_2$-CO-CO_2 体系下锡的还原挥发行为，首先分析了该体系中可能发生的主要反应如式（3-69）~式（3-71）所示：

$$1/2Ca_2SnO_4 + CO = CaO + CO_2 + Sn$$

$$\Delta G^{\ominus} = -0.134T + 106.5,\ kJ/mol \tag{3-69}$$

$$Ca_2SnO_4 + CO = 2CaO + CO_2 + SnO(g)$$

$$\Delta G^{\ominus} = -0.405T + 502.2,\ kJ/mol \tag{3-70}$$

$$Ca_2SnO_4 + CaCl_2 + CO = 3CaO + CO_2 + SnCl_2(g)$$

$$\Delta G^{\ominus} = -0.350T + 379.0,\ kJ/mol \tag{3-71}$$

根据式（3-11），计算含锡气相产物分压等于 10^{-1} ~ 10^{-7} atm 时，反应式（3-69）~式(3-71) 的非标准态吉布斯自由能，绘制出 ΔG-T 关系如图 3-44 所示。

由图 3-44 可以看出，气相产物分压对反应（3-70）和反应（3-71）的进行有显著影响，气相 SnO 和 $SnCl_2$ 分压越小，ΔG-T 曲线与 $\Delta G = 0$ 的交点值越小，说明以上两个反应开始进行的温度越低；在相同的气相 SnO 和 $SnCl_2$ 分压条件下，可以看出反应（3-71）的 ΔG 值比反应（3-70）的 ΔG 值更低，说明在相同温度下，反应（3-71）优先进行，Ca_2SnO_4优先以 $SnCl_2$ 形式挥发。从图 3-44 中还可以看出，反应（3-70）、反应（3-71）的 ΔG-T 曲线与反应（3-69）曲线有相交的情况，说明在不同温度下，反应优先顺序不同。当气相中 $SnO(g)$/$SnCl_2(g)$ 分压为 10^{-1} atm 时（图 3-44 (a)），反应（3-69）与反应（3-71）交点在 1600K，说明温度低于 1600K 的条件下，Ca_2SnO_4 优先还原成金属锡；当气相中 $SnO(g)$/$SnCl_2(g)$ 分压为 10^{-5} atm 时，反应（3-69）与反应（3-71）交点在 953K，当温度低于 953K 时，Ca_2SnO_4优先还原成金属锡，温度高于 953K 时，Ca_2SnO_4优先还原成 $SnCl_2$ 挥发。以上计算结果说明，Ca_2SnO_4-CO-CO_2 体系中优先还原成金属锡，很难还原成气相 SnO 挥发；而在 Ca_2SnO_4-CO-CO_2-$CaCl_2$ 体系，在较低的焙烧温度下即可将 Ca_2SnO_4还原转化为 $SnCl_2$ 挥发。

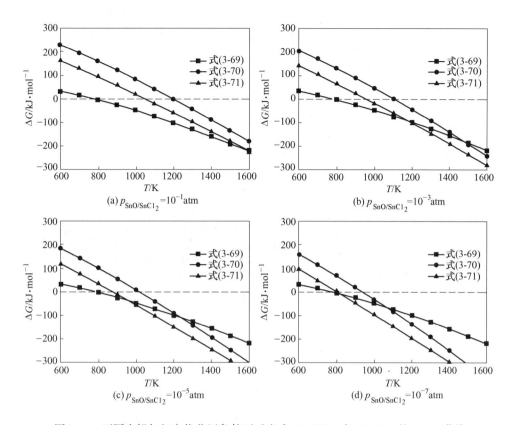

图 3-44 不同含锡气相产物分压条件下反应式（3-69）~式（3-71）的 ΔG-T 曲线

3.4.4 SnO$_2$-SiO$_2$ 系

锡石和石英的熔点均超过 1700℃，直接发生反应非常困难，本书暂不讨论。亚锡氧化物可以与石英反应形成一种低熔点化合物，即硅酸亚锡（SnSiO$_3$）。图 3-45 为前人研究结果汇总[41~43]，从图可以看出，SnO-SiO$_2$ 体系相图最低熔点为 1138~1163K（即 865~910℃），共熔物中 SnO 含量为 69.0wt.%~72.0wt.%，折算成 Sn：Si 元素摩尔比接近 1：1。

3.4.4.1　SiO$_2$ 对 SnO$_2$ 还原挥发的影响

天然矿物中不可避免含有较多的 SiO$_2$ 组分。为研究 SiO$_2$ 对 SnO$_2$ 还原挥发的影响，将石英和锡石纯矿物按照质量比 4：1 配料、混匀后，进行还原焙烧，焙烧结束后，取出样品，磨细制样进行分析检测[44]。

首先固定焙烧温度 950℃、焙烧时间 30min，研究不同 CO 含量（10vol.%~100vol.%）下 SiO$_2$ 对 SnO$_2$ 还原挥发的影响，结果如图 3-46 所示。从图可以看

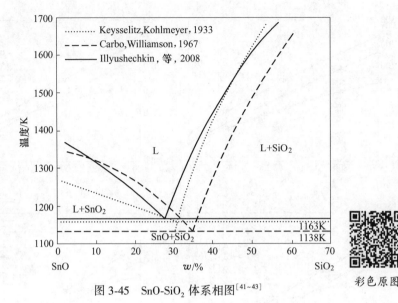

图 3-45 SnO-SiO₂ 体系相图[41~43]

彩色原图

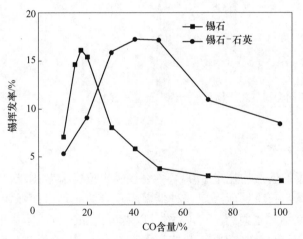

图 3-46 不同 CO 含量条件下 SiO₂ 对锡挥发的影响

（焙烧温度 950℃，焙烧时间 30min）

出，当 CO 浓度低于 20vol.%时，单一锡石还原时锡挥发率高于锡石-石英混合样品；当 CO 浓度为 20vol.%时，单一锡石锡挥发率为 15.5wt.%，而锡石-石英混合样品锡挥发率仅为 8.3wt.%；当 CO 含量超过 20vol.%时，石英对锡挥发率的影响规律正好相反，锡石-石英混合样品还原时锡挥发率反而更高，尤其当 CO 浓度高于 50vol.%时，锡石-石英混合样品中锡仍有较高挥发率。结合单一 SnO_2 还原挥发规律可知，当 CO 含量超过 30vol.%，大部分 SnO_2 直接被还原成金属锡，导致锡挥发率显著降低；当有 SiO_2 时，在不同 CO 浓度条件下，锡的挥发规律明显不同，说明体系中 SiO_2 的存在改变了 SnO_2 的还原历程。因此，后文将对焙烧产物中 Sn-Si-O 化合物的物相赋存形式进行分析。

在 CO 浓度分别为 20% 和 50% 的条件下，研究了不同焙烧温度下 SiO_2 对 SnO_2 还原挥发的影响，结果如图 3-47 所示。从图中可以看出，提高焙烧温度对 SnO_2 的还原挥发起到促进作用，根据 CO-CO_2 气氛下，SnO_2 还原挥发规律研究可知，提高温度可以提高气相中 SnO 饱和蒸气压，这对 SnO 挥发十分有利。图 3-47 结果也表明，SiO_2 对锡挥发率的影响主要由 CO 浓度决定。当 CO 浓度低于 20vol.% 时，SiO_2 对锡的还原挥发不利；而当 CO 浓度高于 50vol.% 时，在不同焙烧温度下，SiO_2 均可以促进锡的还原挥发。

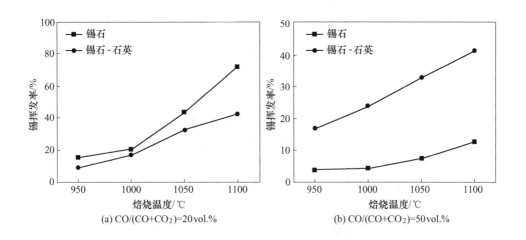

图 3-47　不同焙烧温度条件下 SiO_2 对锡挥发率的影响

(焙烧时间 30min)

将 SiO_2、SnO_2、金属锡粉末按照摩尔比 2∶1∶1 进行配料、混匀后，在惰性气氛下进行热重-差热分析，主要考查 SnO_2 还原的中间产物 SnO 与 SiO_2 之间发生反应的可能性，试验结果如图 3-48 所示。

由图 3-48 可以看出，DSC 曲线在 925～950℃ 处有一个明显的吸热峰，结合图 3-45 二元相图分析可知，这主要是由于新生成了硅酸亚锡导致的；当焙烧温度继续升高，生成的硅酸亚锡有熔融吸热的趋势。TG 分析表明，混合样品在 1100℃ 时失重率仅为 2.3wt.%，说明硅酸亚锡的生成对 SnO 的挥发起到抑制作用，当温度进一步升高，混合料的失重率有缓慢增加的趋势，说明硅酸亚锡并不是稳定化合物，温度升高将导致其中的 SnO 组分挥发而失重。

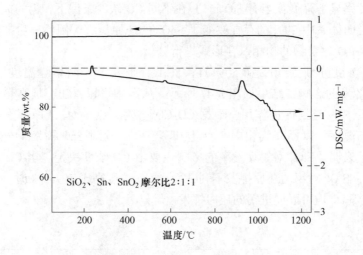

图 3-48　SiO_2-SnO_2-Sn 混合物（摩尔比 2：1：1）的 TG-DSC 曲线（氩气气氛）

3.4.4.2　SiO_2-SnO_2 体系还原焙烧产物相变规律

根据上述分析可知，在 CO-CO_2 气氛条件下，焙烧产物中形成了硅酸亚锡（$SnSiO_3$）物相，然而硅酸亚锡在高温下为非晶态物质，在冷却过程中会形成类似玻璃态物质，因而无法通过 XRD 表征出焙烧产物的物相组成。采用化学法对焙烧产物的主要化学物相进行了分析，分别测定焙烧产物中 SnO_2、$SnSiO_3$、金属锡和全 Sn 的含量，结果如图 3-49 所示。

由图 3-49（a）可以看出，在单一锡石还原焙烧产物中，仅存在金属锡和 SnO_2 两种物相，当 CO 含量低于 20vol.% 时，焙烧产物中仅存在 SnO_2 相，部分锡以 SnO 形式挥发；而 CO 含量高于 20vol.% 时，焙烧产物中金属锡是唯一的物相。当体系中有 SiO_2 存在时，焙烧产物的物相组成变得复杂，在 CO 浓度为 10vol.%～100vol.% 的气氛条件下，焙烧产物中均有 $SnSiO_3$ 相存在。图 3-49（b）中结果表明，在不同 CO 气氛下 $SnSiO_3$ 中锡的含量均保持在 20wt.%～40wt.%；当 CO 浓度低于 20vol.% 时，SnO_2 还原过程生成的 SnO(g) 与 SiO_2 反应生成 $SnSiO_3$，从而抑制了 SnO 的挥发，反应式可以表示为：

$$SnO(g) + SiO_2 \Longrightarrow SnSiO_3 \tag{3-72}$$

而当 CO 浓度高于 20vol.%～50vol.% 时，产物中形成的 $SnSiO_3$ 很难还原成金属锡，因而更多的锡维持在 SnO 状态。根据文献报道，$SnSiO_3$ 中 SnO 与 SiO_2 结合并不稳定，导致 SnO 在高温下仍然具有挥发性质[42]。具体反应为：

$$SnSiO_3 \Longrightarrow SnO(g) + SiO_2 \tag{3-73}$$

当 CO 浓度升高到 50vol.%～100vol.% 时，发现焙烧产物中的金属锡含量增

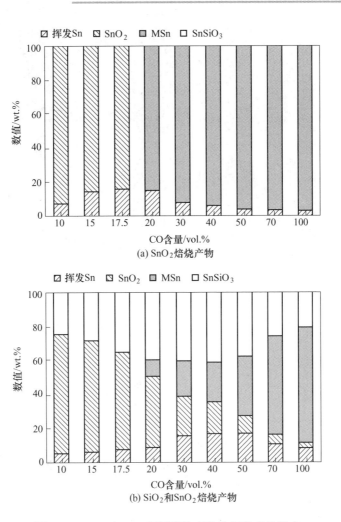

图 3-49　SiO$_2$ 对 SnO$_2$ 还原焙烧产物物相组成的影响

(石英与锡石质量比 4∶1，焙烧温度 950℃，焙烧时间 30min)

加，但是含量远低于同条件下单独锡石还原焙烧产物中金属锡的含量，表明反应过程中生成的 SnSiO$_3$ 物相在高浓度 CO 条件下可以进一步被还原成金属锡（反应式（3-74）），但 SnSiO$_3$ 的还原比 SnO$_2$ 困难得多。

$$SnSiO_3 + CO \Longrightarrow Sn + SiO_2 + CO_2 \qquad (3-74)$$

　　进一步采用扫描电镜-能谱分析技术研究锡石与石英混合样品还原焙烧产物的微观结构和物相分布特征，结果如图 3-50 所示。从图可以看出，能谱成分分析结果与化学物相分析结果基本一致，焙烧产物中发现了金属锡（图中 A 点）、锡石（图中 B 点）、石英（图中 C 点）和 SnSiO$_3$（图中 D 点）4 种物相。通过背散射分析结果可知，生成的 SnSiO$_3$ 紧密包裹住产物中的锡石、金属锡和石英。

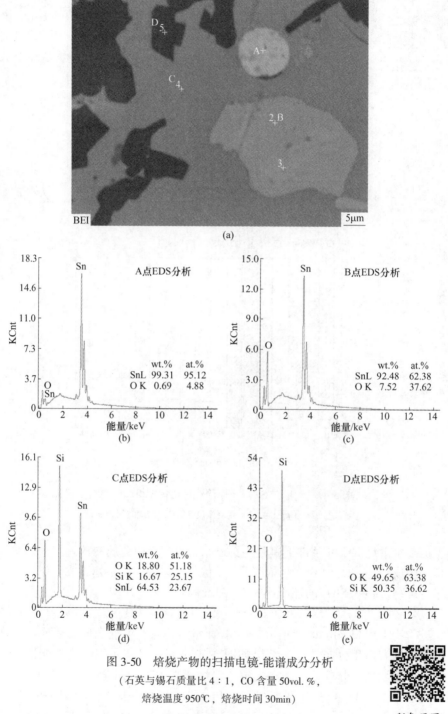

图 3-50 焙烧产物的扫描电镜-能谱成分分析

（石英与锡石质量比 4∶1，CO 含量 50vol.%，

焙烧温度 950℃，焙烧时间 30min）

彩色原图

结合 SnO-SiO$_2$ 二元相图可知，新生 SnSiO$_3$ 熔点较低（仅为 880℃左右），在焙烧过程很容易形成液相而包裹在未反应的锡石或石英颗粒表面，不利于 CO 气体在生成物表面的内扩散，从而抑制了 SnSiO$_3$ 和 SnO$_2$ 的进一步还原。因此，当 CO 浓度高于 50vol.%时，焙烧产物中仍含有部分 SnO$_2$ 未被还原。

为进一步验证气相 SnO(g) 与 SiO$_2$ 发生反应的可能性，按照图 3-32 设计了 SnO(g) 与石英的反应模型。首先将锡石与石英样品隔开，石英样品置于上层、锡石样品置于下层，然后在 15vol.%CO 气氛下还原锡石产生 SnO 气体，产生的气相 SnO 与石英样品可以不通过接触而发生气-固反应。焙烧试验结束后，对焙烧产物进行扫描电镜-能谱成分分析，结果如图 3-51 所示。

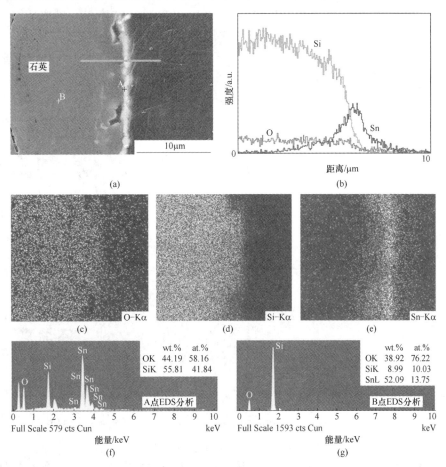

图 3-51　石英-SnO(g) 反应产物扫描电镜能谱分析

（a）背散射图；（b）绿色线方向线扫描；（c）~（e）O，Si，Sn 元素的面扫描图；
（f）（g）A，B 点的能谱分析

彩色原图

由图 3-51 （a）可以看出，在石英颗粒表面形成了一层厚度约为 2μm 左右的新物相，新生相均匀分布在石英表面，而在石英内部未发现其他新物相的存在。图 3-51 （b）~（g）中能谱成分分析、面扫描和打点分析结果表明，新生物相的主要成分由硅、锡和氧三种元素组成，并且 Si∶Sn 元素比例接近 1∶1，说明石英表面新生物相是 $SnSiO_3$。以上结果说明，气相 SnO 可以与 SiO_2 按照式（3-72）反应生成 $SnSiO_3$。

结合单一 SnO_2 还原挥发历程的研究，可将 SiO_2 对气相 SnO 还原历程的影响概括为图 3-52。SnO(s) 在高于 600℃ 的温度下并不能以固相形式稳定存在，没有 SiO_2 存在时，SnO(s) 高温下因蒸气压较大可转化为气相 SnO 挥发，或继续被还原成金属锡。SiO_2 是一种酸性氧化物，而 SnO(s) 相对呈碱性，因此二者很容易化合形成 $SnSiO_3$，因而更多的锡氧化物将稳定在 SnO 阶段，SiO_2 起"亚锡氧化物稳定剂"的作用。$SnSiO_3$ 的形成，一方面在低 CO 浓度时抑制 SnO 以气相形式挥发；另一方面，生成的 $SnSiO_3$ 相对 SnO_2 更难还原成金属锡，在高 CO 浓度条件下，起到抑制锡氧化物还原为金属锡的作用，而高温条件下 $SnSiO_3$ 不太稳定，这对促进 SnO 的挥发是有利的。

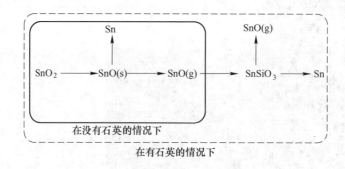

图 3-52 SiO_2 对 SnO_2 还原历程的影响

3.5 CO-CO_2 气氛下 $Fe_{3-x}Sn_xO_4$ 与 CaO、SiO_2 的反应机制

本书第 2 章对典型锡铁复合资源特性研究表明，在磁铁矿型锡铁资源中，锡除了以微细粒包裹锡石存在以外，部分锡还以锡铁尖晶石形式（即 $Fe_{3-x}Sn_xO_4$）存在。因此，为最大限度从锡铁复合资源中选择性分离和回收锡，本节重点阐述了在 CO-CO_2 焙烧气氛下锡铁尖晶石（$Fe_{3-x}Sn_xO_4$）的物相转化规律及其与主要脉石组分的反应行为。

根据第 2 章研究结果，对于典型磁铁矿型锡铁复合资源，锡铁尖晶石中锡的含量较低，折算成 x 值为 0.004~0.006，因而通过常规手段很难对其物相和含量变化进行精确分析。本节通过合成 Sn 掺杂量较高的锡铁尖晶石（$Fe_{3-x}Sn_xO_4$，x=0.1 ~ 0.5）开展研究，根据文献中报道的合成方法[45,46]，将分析纯 SnO_2、Fe_2O_3 和金属铁粉按照一定比例配料、混匀后，置于焙烧温度 1000℃、高纯氮气条件下，焙烧 24h 后，随炉冷却至室温后取出，再将焙烧产品磨细至 100wt.% 小于 74μm，分别得到 $Fe_{2.5}Sn_{0.5}O_4$、$Fe_{2.6}Sn_{0.4}O_4$、$Fe_{2.8}Sn_{0.2}O_4$、$Fe_{2.9}Sn_{0.1}O_4$ 的样品备用。首先采用 XRD 精修方法，以 $Fe_{2.6}Sn_{0.4}O_4$ 为例，对合成产品进行晶体结构分析，结果如图 3-53 所示，表明合成产物的晶胞参数为 0.8532nm×0.8532nm×0.8532nm（90°×90°×90°），其 XRD 衍射峰与 $Fe_{2.6}Sn_{0.4}O_4$（PDF#71-0694）的标准峰完全匹配，与标准卡片值（PDF#71-0694：0.8529nm×0.8529nm×0.8529nm（90°×90°×90°））的误差小于 1‰。结合元素分析结果可知，采用该方法合成的产物纯度较高，满足后续试验要求。

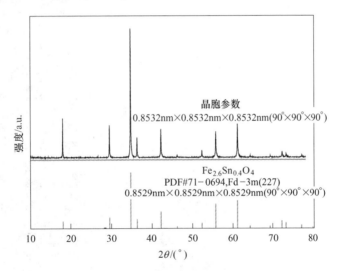

图 3-53　合成锡铁尖晶石（$Fe_{2.6}Sn_{0.4}O_4$）的 XRD 图谱

3.5.1 $Fe_{3-x}Sn_xO_4$ 的还原特性

3.5.1.1 $Fe_{3-x}Sn_xO_4$-CO-CO$_2$ 系

以 $Fe_{2.9}Sn_{0.1}O_4$（Sn 含量为 5.0wt.%）为原料，固定焙烧条件为焙烧温度 1000℃、CO 浓度 10vol.% ~ 70vol.%、焙烧时间 60min，首先研究了 CO 含量对 $Fe_{2.9}Sn_{0.1}O_4$ 还原行为的影响，重点对焙烧产物进行 XRD 和锡的化学物相分析，结果如图 3-54 所示。

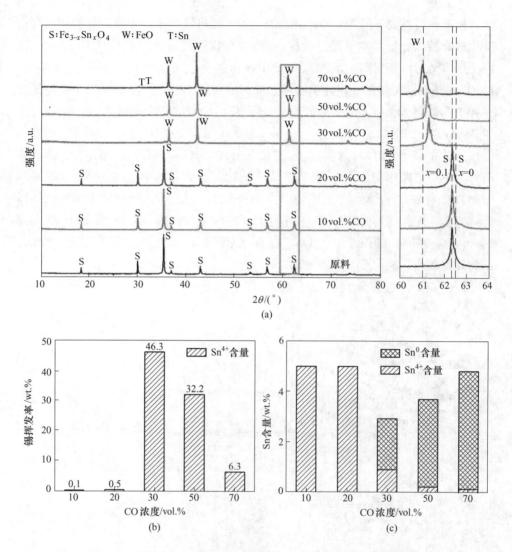

图 3-54 气相中 CO 浓度对 $Fe_{3-x}Sn_xO_4$（$x = 0.1$）还原行为的影响

（a）焙烧产物的 XRD 图谱；（b）锡的挥发率；（c）产物中锡的化学物相分析

由图 3-54 可以看出，CO 浓度对 $Fe_{2.9}Sn_{0.1}O_4$ 中锡挥发率的影响显著，当 CO 浓度为 10vol.%～20vol.%时，锡铁尖晶石中的锡挥发率很低，几乎为 0；通过焙烧产物 XRD 分析也可以看出，CO 浓度为 10vol.%和 20vol.%时，焙烧产物中锡铁尖晶石的衍射峰没发生明显变化。焙烧产物中锡的化学物相分析结果表明，产物中锡仍以 Sn^{4+} 形式存在，说明锡铁尖晶石中的锡基本上没有发生还原挥发反应。以上结果表明，锡铁尖晶石在 10vol.%～20vol.%CO 气氛中仍然保持了尖晶石结构，其中绝大部分的铁和锡没有发生氧化还原反应。

当 CO 浓度提高到 30vol. %时，从图 3-54（b）可以看出，焙烧产物的主要物相是 FeO，此时锡挥发率达到 46.3wt. %，说明提高 CO 浓度，可以将锡铁尖晶石按照式（3-75）还原成 FeO，同时其中的锡还原成气相 SnO 挥发。

$$Fe_{3-x}Sn_xO_4 + CO = (3-x)FeO + xSnO(g) + CO_2 \qquad (3-75)$$

当 CO 浓度进一步升高到 50vol. %时，$Fe_{3-x}Sn_xO_4$ 中锡挥发率反而降低，焙烧产物的主要物相仍为 FeO；当 CO 浓度为 70vol. %时，焙烧产物的 XRD 图谱中开始出现金属锡的衍射峰。结合焙烧产物中锡的物相分析可知，$Fe_{3-x}Sn_xO_4$ 在 30vol. % ~70vol. %CO 气氛中，会发生反应（3-76），$Fe_{3-x}Sn_xO_4$ 中的 Sn^{4+} 被还原成金属锡相，这对锡的还原挥发不利。

$$Fe_{3-x}Sn_xO_4 + (1+x)CO = (3-x)FeO + xSn + (1+x)CO_2 \qquad (3-76)$$

根据上述研究结果可知，Fe_3O_4 和 SnO_2 反应生成 $Fe_{3-x}Sn_xO_4$ 的热力学条件是，CO-CO_2 气氛和焙烧温度要求稳定在 Fe_3O_4 和 $SnO(g)$ 稳定共存区。在此条件下，气相 SnO 会部分还原铁氧化物，形成锡铁尖晶石。当 CO 浓度为 10vol. % ~20vol. %时，$Fe_{3-x}Sn_xO_4$ 几乎不会发生氧化还原反应，焙烧产物中仅存在尖晶石相，其中的锡氧化物无法以 SnO 形式挥发；而当 CO 浓度提高至 30vol. %时，锡的挥发率显著提高，这是因为锡铁尖晶石在此条件下被还原成 FeO 和 $SnO(g)$；CO 浓度进一步提高，锡氧化物被还原成金属锡，从而抑制了锡的挥发。

综上所述，磁铁矿中以晶格取代形式赋存的锡，通过控制 CO 浓度和温度的选择性还原焙烧技术，可以实现锡以 SnO 形式挥发脱除，但是，热力学条件需要严格控制在 FeO+$SnO(g)$ 的稳定共存区[47]。

3.5.1.2 $Fe_{3-x}Sn_xO_4$-$CaCl_2$-CO-CO_2 系

然而，在 $Fe_{3-x}Sn_xO_4$-CO-CO_2 体系中，FeO + $SnO(g)$ 稳定存在区间较小，仅通过调控焙烧温度和 CO 浓度，实现 $Fe_{3-x}Sn_xO_4$ 中锡还原成气相 SnO 挥发较为困难。而氯化挥发法常用于处理各种难处理含锡复合资源，因此，本书从理论上考查了添加 $CaCl_2$ 强化 $Fe_{3-x}Sn_xO_4$ 中锡挥发的可行性。首先计算锡氧化物、锡氯化物和铁氯化物的气相饱和蒸气压和温度关系，如图 3-55 所示，结果表明，相同温度条件下，各含锡化合物的饱和蒸气压为 $SnCl_2$>SnO>Sn>SnO_2，当还原体系中有氯化剂存在时，锡优先以 $SnCl_2$ 形式挥发。

$CaCl_2$ 是工业应用最常见的一种氯化剂，因此，SnO_2-$CaCl_2$-CO-CO_2 体系的主要反应式为：

$$SnO_2 + CaCl_2 + CO = SnCl_2(g) + CaO + CO_2, \quad \Delta G^{\ominus} = -0.155T + 232.7, \text{ kJ/mol}$$

$$(3-77)$$

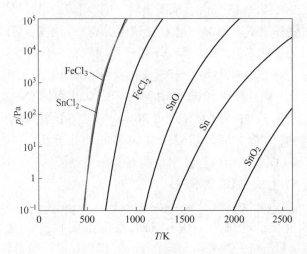

彩色原图

图 3-55　焙烧温度对部分锡、铁化合物饱和蒸气压的影响

　　根据式（3-11），计算 SnO_2-$CaCl_2$-CO-CO_2 体系可能发生的反应（3-13）（$SnO_2 + 2CO = Sn + 2CO_2$）、反应（3-14）（$SnO_2 + CO = SnO(g) + 2CO_2$）和反应（3-77）在不同气相产物分压条件下的 ΔG-T 关系曲线，结果如图 3-56 所示。可以看出，在不同焙烧条件下，反应（3-77）均优先于反应（3-13）和反应（3-14）进行，锡氧化物优先还原成气相 $SnCl_2$ 形式挥发。在不同气相产物分压条件下，反应（3-13）的 ΔG-T 曲线与反应（3-77）均存在交点，当气相 $SnCl_2$ 分压为 10^{-1} atm 时，交点温度为 1587K，说明温度低于 1587K 时，锡氧化物优先还原成金属锡；当气相 $SnCl_2$ 分压为 10^{-7} atm 时，交点温度为 823K，说明温度低于 823K 时，锡氧化物优先还原成金属相，而温度高于 823K 时，锡氧化物优先还原成气相 $SnCl_2$ 挥发。以上计算结果表明，通过添加 $CaCl_2$ 组分，可以显著降低锡的挥发温度。

　　为进一步查明 $CaCl_2$ 组分对锡铁尖晶石中锡挥发的影响，将合成的锡铁尖晶石（$Fe_{2.6}Sn_{0.4}O_4$）与 $CaCl_2$ 按照 Sn∶Cl 元素摩尔比为 1∶2 配料、混匀后，置于不同 CO 含量气氛中，在焙烧温度 1000℃、时间 60min 条件下焙烧，试验结束后，取出焙烧产物分析其中锡的含量变化，并计算锡挥发率，结果如图 3-57 所示。可以看出，在相同的焙烧温度和 CO 浓度条件下，添加 $CaCl_2$ 组分后，锡铁尖晶石中锡挥发率明显提高，当 CO 浓度为 10vol.% 和 20vol.% 时，锡挥发率可达到 33.2wt.% 和 79.1wt.%，而在无 $CaCl_2$ 添加剂时，锡挥发率几乎为零；而当 CO 浓度升高到 50vol.% 以上，锡挥发率反而有降低的趋势，说明高 CO 浓度会使锡铁尖晶石中的锡还原成金属态，同样不利于锡的氯化挥发。试验结果与图 3-56 热力学计算结果基本一致，表明添加 $CaCl_2$ 可以明显促进锡铁尖晶石中锡在还原过程中以气相形式挥发。

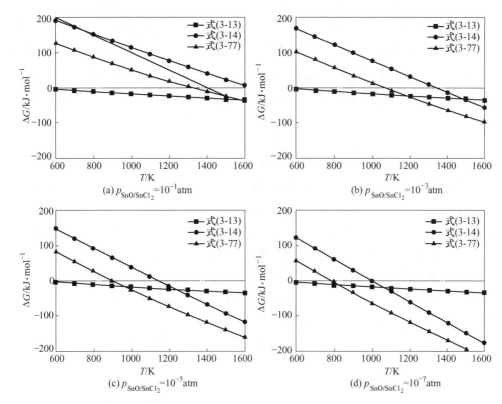

图 3-56 不同气相产物分压条件下 SnO_2-$CaCl_2$-CO-CO_2 体系反应的 ΔG-T 曲线

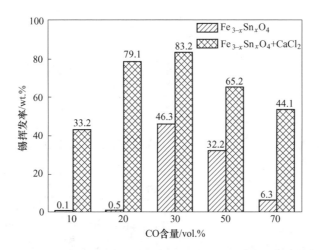

图 3-57 $CaCl_2$ 对锡铁尖晶石（$Fe_{2.6}Sn_{0.4}O_4$）锡挥发率的影响

（焙烧温度 1000℃，焙烧时间 60min）

3.5.2 $Fe_{3-x}Sn_xO_4$ 与 CaO 的反应

为研究 $Fe_{3-x}Sn_xO_4$-CaO-CO-CO_2 体系的反应机制，将磨细后的合成锡铁尖晶石（$Fe_{2.6}Sn_{0.4}O_4$）与分析纯 CaO 按照 Sn∶Ca 摩尔比 1∶1 配料、混匀后，置入 N_2 或 CO 气氛下焙烧一定时间，焙烧结束后，将焙烧产物冷却，进而对焙烧产物进行分析[46]。

3.5.2.1 焙烧过程主要物相变化

在焙烧温度 900℃、焙烧时间 60min 的条件下，考查焙烧气氛对 $Fe_{3-x}Sn_xO_4$-CaO 反应行为的影响，焙烧气氛分别选择 100vol.%N_2 和 5vol.%～15vol.%CO，各焙烧产物的 XRD 分析结果如图 3-58 所示。从图中可以看出，不同气氛下焙烧产物中均产生了锡酸钙（$CaSnO_3$）的衍射峰，说明 $Fe_{3-x}Sn_xO_4$ 与 CaO 之间的反应在 N_2 气氛和 5vol.%～15vol.%CO 气氛下都可以进行；通过对焙烧产物（311）晶面特征峰（35°～36°）精细扫描发现，锡酸钙形成的同时，锡铁尖晶石中的锡含量降低，（311）晶面衍射峰逐渐从锡铁尖晶石转变为 Fe_3O_4。值得注意的是，在 100vol.%N_2 气氛下的焙烧产物中，出现 FeO 的衍射峰，然而当 CO 浓度为 5vol.%～15vol.%时，焙烧产物中并未出现 FeO 物相。

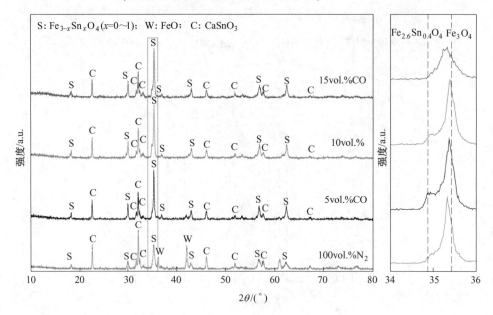

图 3-58　不同气氛下 $Fe_{2.6}Sn_{0.4}O_4$-CaO 焙烧产物的 XRD 图

（焙烧温度 900℃，焙烧时间 60min）

固定 CO 浓度为 5vol.%，焙烧时间 60min，考查焙烧温度对 $Fe_{3-x}Sn_xO_4$-CaO 体系反应的影响，各焙烧产物的 XRD 图谱如图 3-59 所示。当焙烧温度为 700℃时，产物中的锡铁尖晶石相几乎没发生变化；温度升高到 800℃时，焙烧产物中开始出现锡酸钙的衍射峰，对锡铁尖晶石（311）晶面衍射峰精细扫描分析可知，锡铁尖晶石相开始转变为磁铁矿；焙烧温度进一步升高到 850~900℃，产物中锡酸钙的衍射峰值继续增强，同时锡铁尖晶石几乎完全转化为 Fe_3O_4。上述结果表明，$Fe_{3-x}Sn_xO_4$-CaO 发生固相反应的开始温度在 800℃左右，焙烧温度升高有利于 CaO 置换出锡铁尖晶石（$Fe_{3-x}Sn_xO_4$）中的锡，从而降低锡铁尖晶石中锡的含量。

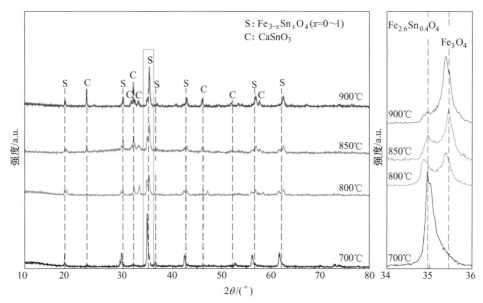

图 3-59　不同温度下 $Fe_{2.6}Sn_{0.4}O_4$-CaO 焙烧产物的 XRD 图

（CO 浓度 5vol.%，焙烧时间 60min）

固定焙烧温度为 850℃，CO 浓度为 5vol.%，研究焙烧时间对 $Fe_{3-x}Sn_xO_4$-CaO 体系反应的影响，各焙烧产物的 XRD 分析结果如图 3-60 所示。焙烧产物中 $CaSnO_3$ 的衍射峰值随焙烧时间的延长而增强，与此同时，锡铁尖晶石（$Fe_{2.6}Sn_{0.4}O_4$）的衍射峰呈现不断减弱的趋势。通过对焙烧产物 XRD 图谱中 34°~36°处衍射峰（311）晶面分析可知，随着焙烧时间延长，加入的 CaO 组分置换了锡铁尖晶石（$Fe_{2.6}Sn_{0.4}O_4$）中的锡组分，因而焙烧产物中锡铁尖晶石（$Fe_{2.6}Sn_{0.4}O_4$）的衍射峰逐渐转变为 Fe_3O_4 的衍射峰。

有研究表明，锡铁尖晶石（$Fe_{3-x}Sn_xO_4$）具备软磁性，并且随着尖晶石中锡含量（x 值）的增加，锡铁尖晶石的磁性不断减弱。进一步对不同焙烧时间下的焙烧产物进行磁性能分析，焙烧样品 VSM 磁滞回线结果如图 3-61 所示。随着焙

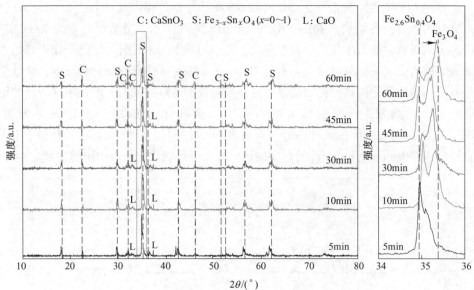

图 3-60 不同时间下 $Fe_{2.6}Sn_{0.4}O_4$-CaO 焙烧产物的 XRD 图

（焙烧温度 850℃，CO 浓度 5vol.%）

烧时间的延长，焙烧产物的磁性不断增强；锡铁尖晶石样品本身的饱和磁化系数（Ms）为 36.5emu/g，焙烧时间延长到 30min 和 60min 时，焙烧产物的饱和磁化系数（Ms）分别提高到 41.4emu/g 和 51.3emu/g。结合 XRD 分析结果可知，焙烧过程中，CaO 不断结合锡铁尖晶石中的锡形成锡酸钙，同时尖晶石中锡的含量不断降低，磁性不断增强。

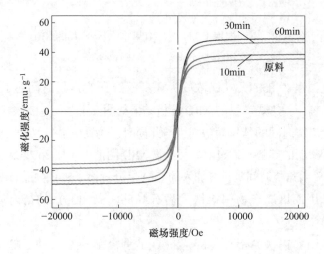

图 3-61 不同时间下 $Fe_{2.6}Sn_{0.4}O_4$-CaO 焙烧产物的磁滞回线

（焙烧温度 850℃，CO 浓度 5vol.%）

3.5.2.2 $Fe_{3-x}Sn_xO_4$ 与 CaO 的界面反应

为进一步查明 $Fe_{3-x}Sn_xO_4$ 与 CaO 反应过程中 Sn 元素在界面的迁移行为，以 $Fe_{2.6}Sn_{0.4}O_4$ 和 CaO 粉末为原料，在直径 10mm 的模具中，以 30MPa 压力压制成厚度 5mm 的 "$Fe_{3-x}Sn_xO_4$-CaO" 双层结构。将压制成型的样品置于温度为 850℃、5vol.%CO 气氛中焙烧 60min，焙烧结束后，将样品纵向切开制成光片，采用扫描电镜-能谱分析了 $Fe_{3-x}Sn_xO_4$ 与 CaO 的接触界面，分析结果如图 3-62 所示。

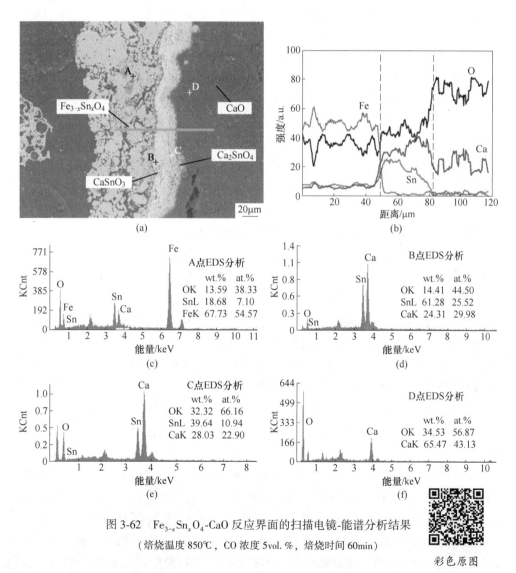

图 3-62 $Fe_{3-x}Sn_xO_4$-CaO 反应界面的扫描电镜-能谱分析结果

（焙烧温度 850℃，CO 浓度 5vol.%，焙烧时间 60min）

彩色原图

从图 3-62 可以看出，焙烧产物形成了典型的"扩散偶"模型，在 $Fe_{3-x}Sn_xO_4$-CaO 接触界面上新生成了锡酸钙相；结合能谱成分分析，图 3-62（a）中 B 点和 C 点 Sn：Ca 原子比分别为 25.52：29.98 和 10.94：22.90，分别接近 $CaSnO_3$ 和 Ca_2SnO_4 中 Sn：Ca 的理论值 1：1 和 1：2。图 3-62（b）所示的元素线扫描结果表明，在 $Fe_{3-x}Sn_xO_4$-CaO 界面上，锡元素有明显的梯度升高富集现象，在靠近 $Fe_{3-x}Sn_xO_4$ 一侧的产物层中锡的含量出现峰值，这是由于生成物 $CaSnO_3$ 和 Ca_2SnO_4 中锡的含量明显高于锡铁尖晶石 $Fe_{2.6}Sn_{0.4}O_4$；此外，在界面反应产物层上，并没有发现铁元素富集或者迁移的现象。以上分析结果表明，在 $Fe_{3-x}Sn_xO_4$-CaO 反应界面上，新物质的生成受到 Sn^{4+} 扩散速率的影响，显然 Sn^{4+} 的扩散速率决定了焙烧产物锡酸钙物相的生成速度，并且高温有利于提高 Sn^{4+} 的迁移速率，促进锡酸钙的生成，Sn^{4+} 的迁移方向可表示为 $Fe_{3-x}Sn_xO_4 \rightarrow CaSnO_3 \rightarrow Ca_2SnO_4 \rightarrow CaO$。

根据上述研究可知，在 $Fe_{3-x}Sn_xO_4$-CaO-CO-CO_2 体系反应过程中，Sn 元素由 $Fe_{3-x}Sn_xO_4$ 向 $CaSnO_3/Ca_2SnO_4$ 转化的过程中，其价态均为+4；同时 Fe 的物相由 $Fe_{3-x}Sn_xO_4$ 向 Fe_3O_4 转化时，部分 Fe^{2+} 被氧化为 Fe^{3+}。在锡铁尖晶石（$Fe_{3-x}Sn_xO_4$ 可以表示为 $[Fe^{2+}]_{1+x}[Fe^{3+}]_{2-2x}[Sn^{4+}]_x[O^{2-}]_4$）中，$Fe^{2+}/Fe^{3+}$ 比例为 $(1+x)/(2-2x)$，高于 Fe_3O_4 的 Fe^{2+}/Fe^{3+} 比例（即 1/2），当 CaO 置换出 $Fe_{3-x}Sn_xO_4$ 中的 Sn 元素时，根据元素平衡，$Fe_{3-x}Sn_xO_4$ 中的铁氧化物首先形成 Fe_3O_4，多余部分的 Fe^{2+} 会游离出来以 FeO 形式存在。图 3-58 中 100vol.%N_2 气氛条件下的焙烧样品 XRD 结果也证实了此推论，此时的反应方程式为：

$$[Fe^{2+}]_{1+x}[Fe^{3+}]_{2-2x}[Sn^{4+}]_x[O^{2-}]_4 + x \cdot [Ca^{2+}][O^{2-}] =\!=\!=$$
$$x \cdot [Ca^{2+}][Sn^{4+}][O^{2-}]_3 + (1-x) \cdot [Fe^{2+}][Fe^{3+}]_2[O^{2-}]_4 + 2x \cdot [Fe^{2+}][O^{2-}]$$

$$(3\text{-}78)$$

试验选择的 5vol.%~15vol.%CO 气氛是 Fe_3O_4 的稳定存在区间，在此条件下，焙烧产物中新生成的 FeO 会被 CO_2 氧化成 Fe_3O_4，焙烧产物的 XRD 分析也显示，铁氧化物主要为 Fe_3O_4，总反应式可以用式（3-79）表示，此时 CO-CO_2 气氛起到氧化 FeO 的作用，可以将部分 Fe^{2+} 氧化成 Fe^{3+}。

$$[Fe^{2+}]_{1+x}[Fe^{3+}]_{2-2x}[Sn^{4+}]_x[O^{2-}]_4 + x \cdot [Ca^{2+}][O^{2-}] + 2x/3[C^{4+}][O^{2-}]_2 =\!=\!=$$
$$x[Ca^{2+}][Sn^{4+}][O^{2-}]_3 + (3-x)/3[Fe^{2+}][Fe^{3+}]_2[O^{2-}]_4 + 2x/3[C^{2+}][O^{2-}]$$

$$(3\text{-}79)$$

根据以上试验结果可以推断出，$Fe_{3-x}Sn_xO_4$-CaO-CO-CO_2 体系反应机制如图 3-63 所示。$Fe_{3-x}Sn_xO_4$ 与 CaO 的界面反应机制可以总结为以下 3 步：（1）Sn^{4+} 在 $Fe_{3-x}Sn_xO_4$-CaO 界面发生离子迁移，在界面接触处生成锡酸钙（$CaSnO_3$ 和 Ca_2SnO_4）；（2）Sn^{4+} 穿过铁氧化物层 $Fe_{3-x}Sn_xO_4/Fe_3O_4/FeO$ 向外扩散，同时在 $CaSnO_3/Ca_2SnO_4/CaO$ 的生成物界面向内扩散；（3）过程中新生的 FeO 中间产物

被气相 CO_2 氧化成 Fe_3O_4。在此反应过程中，焙烧温度对 Sn^{4+} 迁移及界面反应速率起到关键作用，$CO-CO_2$ 气氛可以使铁氧化物稳定在 Fe_3O_4 阶段。

通过 $Fe_{3-x}Sn_xO_4$-CaO-CO-CO_2 体系反应机制研究可知，CaO 可以置换出锡铁尖晶石中以晶格取代形式存在的锡。因此，通过调控焙烧温度、CO 浓度和添加剂（如 CaO 等），可以实现锡铁复合资源中锡、铁组分性能的定向转化，在促进锡酸钙形成的同时将铁矿物稳定在 Fe_3O_4 阶段，有助于后续通过磁选分离技术实现锡、铁矿物的高效分离和回收。

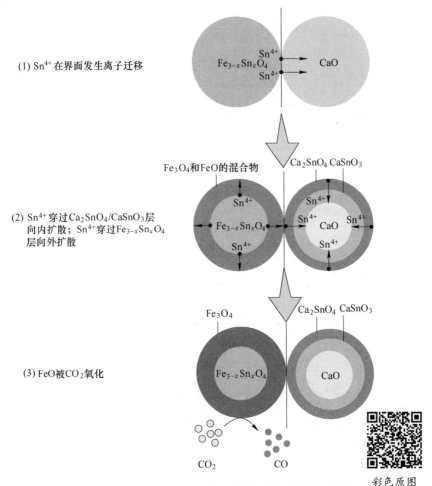

(1) Sn^{4+} 在界面发生离子迁移

(2) Sn^{4+} 穿过 Ca_2SnO_4/$CaSnO_3$ 层向内扩散；Sn^{4+} 穿过 $Fe_{3-x}Sn_xO_4$ 层向外扩散

(3) FeO 被 CO_2 氧化

彩色原图

图 3-63 $Fe_{3-x}Sn_xO_4$-CaO-CO-CO_2 体系的界面反应机制示意图

3.5.3 $Fe_{3-x}Sn_xO_4$ 与 SiO_2 的反应

将合成的锡铁尖晶石（$Fe_{2.6}Sn_{0.4}O_4$）与石英（SiO_2）按照 Sn/Si 摩尔比 1∶1

进行配料、混匀后，分别置于 N_2 和 5vol.%CO 气氛下焙烧 60min，考查焙烧温度对 $Fe_{3-x}Sn_xO_4$-SiO_2 体系反应的影响，不同焙烧产物 XRD 分析结果如图 3-64 和图 3-65 所示。

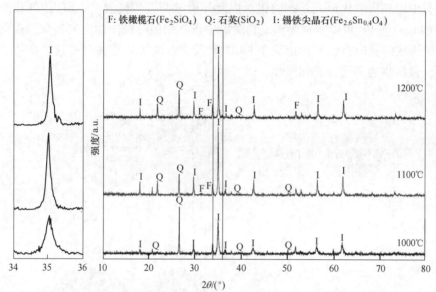

图 3-64　不同温度下 $Fe_{2.6}Sn_{0.4}O_4$-SiO_2 焙烧产物的 XRD 图

（100vol.%N_2 气氛，焙烧时间 60min）

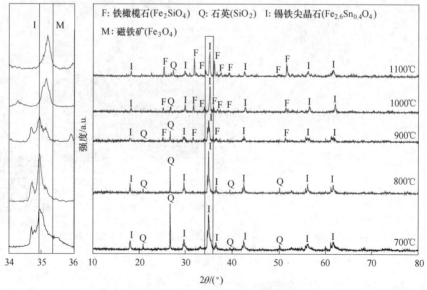

图 3-65　不同温度下 $Fe_{2.6}Sn_{0.4}O_4$-SiO_2 焙烧产物的 XRD 图

（5vol.%CO 气氛，焙烧时间 60min）

由图 3-64 可以看出，在 100vol.%N_2 气氛下，$Fe_{2.6}Sn_{0.4}O_4$ 与 SiO_2 基本不发生反应，焙烧产物中主要物质仍然为 $Fe_{2.6}Sn_{0.4}O_4$ 和石英；当焙烧温度超过 1100℃时，焙烧产物中开始生成少量铁橄榄石（Fe_2SiO_4）的衍射峰，焙烧温度进一步升高到 1200℃时，焙烧产物中铁橄榄石的衍射峰呈逐渐增强的趋势。对锡铁尖晶石（311）晶面的特征峰进行精细扫描分析，结果表明，锡铁尖晶石特征峰 2θ 值没有发生变化，说明在焙烧过程中，锡铁尖晶石结构保持稳定，晶格中的锡含量基本没发生变化。

由图 3-65 可以看出，在 5vol.%CO 气氛中，$Fe_{2.6}Sn_{0.4}O_4$ 与 SiO_2 之间的反应变得容易。当焙烧温度为 700℃和 800℃时，焙烧产物中仅有 $Fe_{2.6}Sn_{0.4}O_4$ 和 SiO_2 物相，表明二者之间并未发生明显反应；当焙烧温度为 900℃时，焙烧产物中开始出现 Fe_2SiO_4 的衍射峰，同时焙烧产物中 SiO_2 相的衍射峰明显减弱；焙烧温度升高至 1000℃和 1100℃，进一步促进了焙烧产物中 Fe_2SiO_4 的生成。对锡铁尖晶石（311）晶面衍射峰进行精细扫描分析表明，Fe_2SiO_4 形成的同时，锡铁尖晶石的衍射峰逐渐向 Fe_3O_4 的衍射峰偏移，说明温度升高有助于降低锡铁尖晶石中锡的含量，并逐步转化为 Fe_3O_4。

进一步对 5vol.%CO 气氛下 $Fe_{2.6}Sn_{0.4}O_4$-SiO_2 体系焙烧产物中锡的化学物相进行分析，结果如图 3-66 所示。可以看出，在 5vol.%CO 气氛下，锡铁尖晶石中 +4 价的 Sn 在焙烧过程中转化为 +2 价，并且随着焙烧温度升高，焙烧产物中 +2 价 Sn 的含量明显升高；当焙烧温度达到 1100℃时，锡铁尖晶石中有 57.4wt.%的锡被还原为 +2 价；另外，焙烧产物中金属锡（0 价）的含量为零，说明锡铁尖晶石中锡在此气氛下不会被还原成金属锡相。

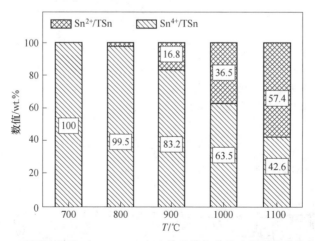

图 3-66　不同温度下 $Fe_{2.6}Sn_{0.4}O_4$-SiO_2 体系焙烧产物中锡的化学物相分析

（5vol.%CO 气氛，焙烧时间 60min）

在 $Fe_{2.6}Sn_{0.4}O_4$-SiO_2 体系中，Sn^{2+} 唯一可能存在形式就是与 SiO_2 结合生成 $SnSiO_3$，由于 $SnSiO_3$ 是一种"玻璃相"物质，无法通过 XRD 进行分析。因此，进一步采用扫描电镜-能谱分析法，对 $Fe_{2.6}Sn_{0.4}O_4$-SiO_2 体系焙烧产物进行分析，主要查明焙烧产物的主要物相组成和 Sn、Fe 元素迁移行为，分析结果如图 3-67 所示。当焙烧温度为 1000℃ 时，在 N_2 气氛下，$Fe_{3-x}Sn_xO_4$ 与 SiO_2 之间几乎未发生反应，焙烧产物中主要物相仍然是 $Fe_{2.6}Sn_{0.4}O_4$ 和 SiO_2。图 3-67（b）说明，在 5vol.%CO 气氛下，焙烧产物中主要存在 Fe_2SiO_4（图中 C 点）和 $SnSiO_3$（图中 D

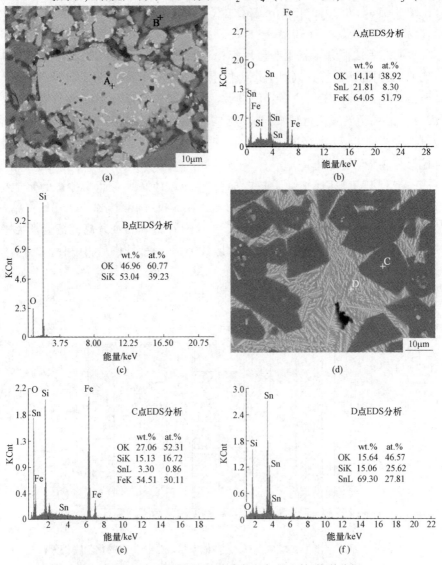

图 3-67　$Fe_{3-x}Sn_xO_4$-SiO_2 焙烧产物的扫描电镜-能谱分析

（a）～（e）100vol.%N_2 气氛；（d）～（f）5vol.%CO 气氛，焙烧温度 1000℃，焙烧时间 60min

点）两种物相；已有研究表明 Fe_2SiO_4 和 $SnSiO_3$ 的熔点分别为 1205℃ 和 880℃，在选定的焙烧温度条件下，$SnSiO_3$ 已经开始转变为液相，从图 3-67（d）焙烧产物的背散射照片上可以观察到，新生成的 $SnSiO_3$ 主要以液相形式包裹在 Fe_2SiO_4 颗粒表面或填充于其中，与含铁矿物共生关系紧密，因而采用物理方法根本无法将这两种物相有效分离，不利于后续对锡、铁矿物的分离和回收。根据上述研究结果，$Fe_{3-x}Sn_xO_4\text{-}SiO_2\text{-}CO\text{-}CO_2$ 体系的反应式为：

$$Fe_{3-x}Sn_xO_4 + \frac{3+x}{2}SiO_2 + CO \Longrightarrow \frac{3-x}{2}Fe_2SiO_4 + xSnSiO_3 + CO_2 \quad (3\text{-}80)$$

参 考 文 献

［1］ Rao M J, Ouyang C C, Li G H, et al. Behavior of phosphorus during the carbothermic reduction of phosphorus-rich oolitic hematite ore in the presence of Na_2SO_4 ［J］. International Journal of Mineral Processing, 2015, 143（1375）：72-79.

［2］ Su Z J, Zhang Y B, Liu B B, et al. Effect of CaF_2 on the reduction volatilization of tin oxide under $CO\text{-}CO_2$ atmosphere ［J］. Mineral Processing & Extractive Metallurgy Review, 2017, 38（3）：207-213.

［3］ Zhang Y B, Liu B B, Su Z J, et al. Volatilization behavior of SnO_2, reduced under different $CO\text{-}CO_2$, atmospheres at 975℃-1100℃ ［J］. International Journal of Mineral Processing, 2015, 144：33-39.

［4］ Li G H, You Z X, Zhang Y B, et al. Synchronous volatilization of Sn, Zn, and As, and preparation of direct reduction iron（DRI）from a complex iron concentrate via CO reduction ［J］. JOM, 2014, 66（9）：1701-1710.

［5］ Gauzzi F, Verdini B, Maddalena A, et al. X-ray diffraction and Mössbauer analyses of SnO disproportionation products ［J］. Inorganica Chimica Acta, 1985, 104（1）：1-7.

［6］ Moreno M S, Mercader R C, Bibiloni A G. Study of intermediate oxides in SnO thermal decomposition ［J］. Journal of Physics：Condensed Matter, 1992, 4（2）：351-355.

［7］ Su Z J, Zhang Y B, Han B L, et al. Synthesis, characterization, and catalytic properties of nano-SnO by chemical vapor transport（CVT）process under $CO\text{-}CO_2$ atmosphere ［J］. Materials and Design, 2017, 121：280-287.

［8］ 黄希祜. 钢铁冶金原理 ［M］. 3 版. 北京：冶金工业出版社, 2007：282-320.

［9］ 梁连科, 车荫昌, 杨怀, 等. 冶金热力学及动力学 ［M］. 沈阳：东北工学院出版社, 1990：65-75.

［10］ 康思琦. 关于用固体碳还原攀枝花红格矿球团的研究 ［D］. 长沙：中南工业大学, 1984.

［11］ Sohn H Y, Wadsworth M E. 提取冶金速率过程 ［M］. 郑蒂基, 译. 北京：冶金工业出版社, 1984：7-36.

［12］ 莫鼎成. 冶金动力学 ［M］. 长沙：中南工业大学出版社, 1987：173-251.

［13］ 陈丽勇. 含锡铁矿还原焙烧锡铁分离的基础研究 ［D］. 长沙：中南大学, 2010.

［14］ 兰尧中, 刘纯鹏. 钛磁铁矿还原动力学 ［J］. 有色金属, 1992, 44（2）：59-63.

［15］ 荣银玲, 张宗诚. 温度程序控制铁矿球团反应动力学研究 ［J］. 化工冶金, 1989, 10

(3)：1-7.

[16] 陈宇飞, 张宗诚. 多孔铁矿石球团还原动力学 [J]. 化工冶金, 1987, 8 (2)：9-11.

[17] 张元波. 含锡锌复杂铁精矿球团弱还原焙烧的物化基础及新工艺研究 [D]. 长沙：中南大学, 2006.

[18] Zhang Y B, Su Z J, Zhou Y L, et al. Reduction kinetics of SnO_2 and ZnO in the tin, zinc-bearing iron ore pellet under a 20% CO-80% CO_2 atmosphere [J]. International Journal of Mineral Processing, 2013, 124：15-19.

[19] Zhang Y B, Li G H, Jiang Tao, et al. Reduction behavior of tin-bearing iron concentrate pellets using diverse coals as reducers [J]. International Journal of Mineral Processing, 2012, 110：109-116.

[20] Zhang Y B, Jiang T, Li G H, et al. Tin and zinc separation from tin, zinc bearing complex iron ores by selective reduction process [J]. Ironmaking and Steelmaking, 2011, 38 (5)：613-619.

[21] 苏子键. CO-CO_2 气氛下锡石与铁、钙、硅氧化物的反应机制及应用研究 [D]. 长沙：中南大学, 2017.

[22] 苏子键. 含锡铁矿还原焙烧脱锡的行为研究 [D]. 长沙：中南大学, 2014.

[23] Kwoka M, Ottaviano L, Passacantando M, et al. XPS study of the surface chemistry of Ag-covered L-CVD SnO_2, thin films [J]. Applied Surface Science, 2008, 254 (24)：8089-8092.

[24] Sitarz M, Kwoka M, Comini E, et al. Surface chemistry of SnO_2 nanowires on Ag-catalyst-covered Si substrate studied using XPS and TDS methods [J]. Nanoscale Research Letters, 2014, 9 (1)：1-6.

[25] Kwoka M, Ottaviano L, Passacantando M, et al. XPS depth profiling studies of L-CVD SnO_2 thin films [J]. Applied Surface Science, 2006, 252 (21)：7730-7733.

[26] Batzill M, Diebold U. The surface and materials science of tin oxide [J]. Progress in Surface Science, 2005, 79：147-154.

[27] 翁诗甫. 傅里叶变换红外光谱分析 [M]. 2 版. 北京：化学工业出版社, 2010：247-258, 377-388.

[28] 刘兵兵. CO-CO_2 气氛下二氧化锡与碳酸钠的反应机制研究 [D]. 长沙：中南大学, 2015.

[29] Liu B B, Zhang Y B, Su Z J, et al. Formation kinetics of Na_2SnO_3 by SnO_2 and Na_2CO_3 roasted under CO-CO_2 atmospheres [J]. International Journal of Mineral Processing, 2017, 165：34-40.

[30] Liu B B, Zhang Y B, Su Z J, et al. Function mechanism of CO-CO_2 atmosphere on the formation of Na_2SnO_3 from SnO_2 and Na_2CO_3 during the roasting process [J]. Powder Technology, 2016, 301：102-109.

[31] Xu X, Hayes P C, Jak E. Phase equilibria in the "SnO"-SiO_2-"FeO" system in equilibrium with tin-iron alloy and the potential application for electronic scrap recycling [J]. International Journal of Materials Research, 2012, 103 (5)：529-536.

[32] Cassedanne J. The Fe_2O_3-SnO_2 phase diagram [J]. Ann. Acad. Bras. Cienc., 1966 (38)：265-267.

[33] Ilyushechkin A, Hayes P C, Jak E. Experimental study of phase equilibria on the Fe-Si-Sn-O

System at tin metal alloy saturation ［R］. Internet Report to Teck Cominco Research, Pyrometallurgy Research Center, The University of Queenland, 2004.

［34］ Su Z J, Zhang Y B, Liu B B, et al. Reduction behavior of SnO_2 in the tin-bearing iron concentrates under $CO-CO_2$ atmosphere. Part I: Effect of magnetite ［J］. Powder Technology, 2016, 292: 251-259.

［35］ 孙杰, 安成强, 谭勇, 等. 镀锡液锡泥中锡的物相分析 ［J］. 冶金分析, 2012, 32 （10）: 56-59.

［36］ 赵缨, 阮鸿兴. 还原焙烧产品中锡的物相分析方法研究 ［J］. 冶金分析, 2000, 20 （3）: 29-32.

［37］ Su Z J, Zhang Y B, Liu B B, et al. Formation mechanisms of $Fe_{3-x}Sn_xO_4$ by a chemical vapor transport （CVT） process ［J］. Scientific reports, 2017, 7: 43463.

［38］ Su Z J, Zhang Y B, Han B L, et al. Low-temperature solid state synthesis of Eu-doped Ca_2SnO_4 ceramics under $CO-CO_2$ atmosphere ［J］. Ceramics International, 2017, 43: 8703-8708.

［39］ Zhang Y B, Han B L, Su Z J, et al. Formation characteristics of calcium stannate from SnO_2 and $CaCO_3$ synthesized in $CO-CO_2$ and air atmospheres ［J］. Journal of Physics and Chemistry of Solids, 2018, 121: 304-311.

［40］ Su Z J, Zhang Y B, Liu B B, et al. Effect of $CaCO_3$ on the gaseous reduction of tin oxide under $CO-CO_2$ atmosphere ［J］. Mineral Processing and Extractive Metallurgy Review, 2016, 37 （3）: 179-186.

［41］ Keysselitz B, Kohlmeyer E J. Stannous oxide and the system: $SnO-SiO_2$ ［J］. Metall. u. Erz. 1933, 30: 185-190.

［42］ Xu X, Hayes P C, Jak E. Experimental study of phase equilibria in the "SnO"-$CaO-SiO_2$ system in equilibrium with tin metal ［J］. International Journal of Materials Research, 2013, 104 （3）: 235-243.

［43］ Bent J F, Hannon A C, Holland D, et al. The structure of tin silicate glasses ［J］. Journal of Non-Crystalline Solids, 1998, 232: 300-308.

［44］ Zhang Y B, Su Z J, Liu B B, et al. Reduction behavior of SnO_2 in the tin-bearing iron concentrates under $CO-CO_2$ atmosphere. Part II: Effect of quartz ［J］. Powder Technology, 2016, 291: 337-343.

［45］ Berry F J, Skinner S J, Helgason O, et al. Location of tin and charge balance in materials of composition $Fe_{3-x}Sn_xO_4$, （$x<0.3$） ［J］. Polyhedron, 1998, 17 （1）: 149-152.

［46］ Su Z J, Zhang Y B, Han B L, et al. Interface reaction between $Fe_{3-x}Sn_xO_4$ and CaO roasted under $CO-CO_2$ atmosphere ［J］. Applied Surface Science, 2017, 423: 1152-1160.

［47］ Zhang Y B, Wang J, Cao C T, et al. New understanding on the separation of tin from magnetite-type, tin-bearing tailings via mineral phase reconstruction processes ［J］. Journal of Matertals Research and Technology 2019, 8 （6）: 5790-5801.

4 含锡磁铁精矿球团弱还原焙烧回收锡并制备炼铁炉料新技术

4.1 引言

我国优质铁矿和锡矿资源日渐枯竭，而含锡铁复合矿作为我国典型的难处理复杂铁矿，其储量巨大，集中分布在内蒙古、湖南、广东、广西、云南等省区，这类矿石一般铁品位 30% ~ 55%，锡品位 0.2% ~ 1.2%。其中，内蒙古黄岗地区铁锡矿富含铁、锡、锌等多种金属元素。统计表明，该矿床中铁矿石保有储量1.08 亿吨，锡 44.7 万吨，锌 25 万吨，综合利用价值极高。现场主要采用"磁-浮"联合工艺回收磁铁矿并同步分离锡锌组分，虽经多次技术升级改造，获得了较好的铁、锌分离和回收效果，但最终获得的磁铁精矿中锡的含量（>0.13%）仍然超标，难以满足直接用作高炉冶炼含铁原料的要求（一般要求铁矿原料中含Sn< 0.1%）。

本书第 2 章对含锡磁铁精矿的工艺矿物学研究表明，铁精矿中的锡主要以锡石（SnO_2）和锡铁尖晶石（$Fe_{3-x}Sn_xO_4$）形式存在。从热力学角度分析，氧化气氛焙烧不能有效脱除锡和锌；采用硫化和氯化焙烧法虽可以有效脱除锡锌，但存在环境污染和设备腐蚀等问题；强还原焙烧可以同时实现铁、锡和锌的综合利用，也不存在环境及设备问题，但所需时间长，能耗高，生产规模小，导致生产成本高。因而，该类铁矿自发现以来，一直未能得到大规模开发和利用。

通过第 3 章研究结果可知，含锡磁铁精矿中两种物相形式存在的锡在适宜的CO-CO_2 气氛和焙烧温度条件下，均可以定向转化为气相 SnO 挥发，从而实现锡、铁元素的有效分离。基于此，作者团队提出了"含锡磁铁矿选择性还原焙烧回收锡"技术思路，以内蒙古黄岗含锡磁铁精矿为原料，开发出含锡磁铁精矿球团链算机预氧化—回转窑弱还原焙烧回收锡并同步制备炼铁用炉料新工艺。在实验室扩大化和半工业试验的优化条件下，均获得了良好的锡铁分离效果，锡的挥发率达到70%以上，成品球团矿中残留锡的含量低于 0.08%，满足高炉炼铁用球团矿的要求。本章将对该新技术作系统介绍。

4.2 含锡磁铁精矿弱还原焙烧脱锡行为

4.2.1 影响锡挥发脱除的主要因素

4.2.1.1 工艺条件的影响

根据热力学分析并结合单一锡、铁氧化物 CO 还原特性，以含锡磁铁精矿为原料，在焙烧温度 900~1100℃、CO 浓度 10vol.%~70vol.% 的范围内，分别研究了焙烧温度、气氛、时间、精矿中锡的含量对锡挥发率的影响，结果如图 4-1~图 4-4 所示。说明当研究原料中锡含量变化对锡挥发率产生影响时，是通过改变高锡铁精矿和低锡铁精矿的配比来实现的[1~3]。

由图 4-1 可知，随着气相中 CO 含量的升高，锡挥发率呈现先增高后降低的趋势。当 CO 含量为 10% 时，含锡磁铁矿中锡的挥发率仅为 33.7%；当 CO 含量提高到 30% 时，锡挥发率迅速提高到 72.3%；CO 含量超过 30% 时，锡挥发率开始下降；当 CO 含量达到 70% 时，锡挥发率显著降低到 46.0%。由此可知，含锡磁铁矿还原焙烧脱锡适宜的 CO 含量为 30% 左右。

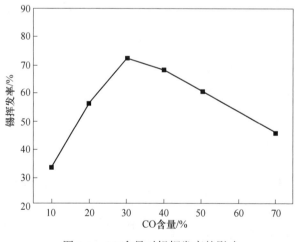

图 4-1 CO 含量对锡挥发率的影响
（焙烧温度 950℃，焙烧时间 30min）

从图 4-2 可以看出，随着焙烧温度的升高，含锡磁铁矿中锡挥发率呈现先升高后降低的趋势。900℃ 时，锡挥发率为 52.1%；温度升高到 950℃ 时，锡挥发率随之升高到 72.3%；温度到达 1000℃ 时，锡挥发率开始下降；温度继续升高到 1100℃ 时，锡挥发率进一步降低到 45.9%。因此，含锡磁铁矿还原挥发脱锡的适宜温度范围为 950~975℃。

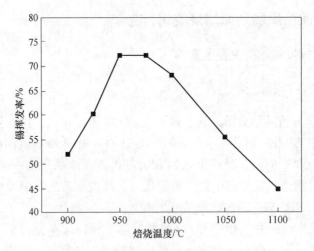

图 4-2　焙烧温度对锡挥发率的影响

（CO 浓度 30%，焙烧时间 30min）

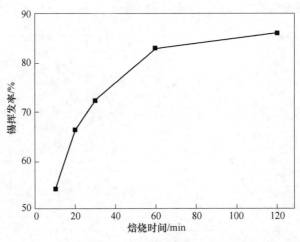

图 4-3　焙烧时间对锡挥发率的影响

（CO 浓度 30%，焙烧温度 950℃）

　　从图 4-3 可以看出，随着还原焙烧时间的延长，含锡磁铁矿中锡挥发率逐渐升高。焙烧时间为 30min 时，锡挥发率为 72.3%；时间延长到 60min 时，挥发率提高到 82.8%；时间进一步延长到 120min 时，挥发率缓慢提高至 85.9%。可见，通过延长还原焙烧时间能一定程度上提高锡挥发率，但提高幅度有限。因此，本研究中焙烧时间取 30min。

　　由图 4-4 可知，同一焙烧条件下，铁精矿中锡的含量越高，锡挥发率越高，

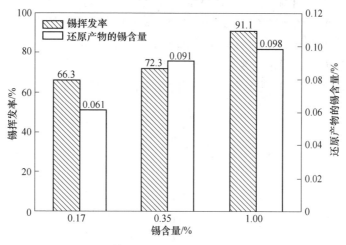

图 4-4　精矿中锡含量对锡挥发率的影响

同时焙烧产物中残留锡的含量越高。原料中锡含量为 0.17% 时，锡挥发率为 66.3%，还原焙烧产物中锡残留量为 0.061%；而原料中锡含量为 1.00% 时，锡挥发率高达 91.1%，焙烧产物中锡残留量为 0.098%。

对于含锡铁精矿采用还原焙烧脱锡工艺的实际生产过程来说，锡挥发率越高意味着锡的回收率越高。因此，在保证焙烧产物中残留锡含量满足后续生产要求的条件下，应尽可能提高含锡铁矿中锡的品位，以获得更高的锡回收率。

4.2.1.2　主要脉石矿物的影响

方解石和石英是含锡磁铁精矿中的两种主要脉石矿物。为查明二者对含锡磁铁矿还原焙烧脱锡的影响规律，研究了不同方解石和石英含量对锡挥发率的影响。试验之前，分别按照含锡磁铁矿质量比的 5%、10% 配加方解石和石英，获得的主要结果如图 4-5 和图 4-6 所示[4,5]。

由图 4-5（a）可以看出，不同方解石含量的含锡磁铁矿在 CO 含量为 10%~70% 的范围内，锡挥发率均显示先升高后降低的变化规律。并且，方解石的含量越高，锡挥发率越低。当还原气氛中 CO 含量为 30% 时，含锡磁铁矿中锡挥发率达到最大值，添加质量分数为 0%、5% 和 10% 方解石时的锡挥发率分别为 72.3%、65.5% 和 54.3%；当 CO 含量高于 40% 时，锡挥发率开始逐渐降低；当 CO 含量升高到 70% 时，添加质量分数为 0%、5% 和 10% 方解石时的锡挥发率分别为 46.0%、43.1% 和 36.4%。图 4-5（b）表明，当焙烧温度达到 950~975℃ 时，锡挥发率达到最大值，950℃ 时，添加质量分数为 0%、5% 和 10% 方解石时的锡挥发率分别为 72.3%、62.4% 和 51.5%；温度超过 975℃ 时，锡挥发率随温度升高显著下降；当温度达到1050℃时，添加质量分数为0%、5%和10%方解石时的锡挥发率分别为55.6%、42.3%和31.2%。从上述研究结果可以看出，不同方解石含量的含锡磁铁矿的锡挥发率随温度影响的变化规律基本相同。由此可知，适宜的还原焙烧温度应控制在950~975℃、CO浓度为30%，而方解石在不同温度范围内均对SnO_2还原挥发产生不利作用，并且方解石的含量越高，对锡还原挥发的抑制作用越明显。

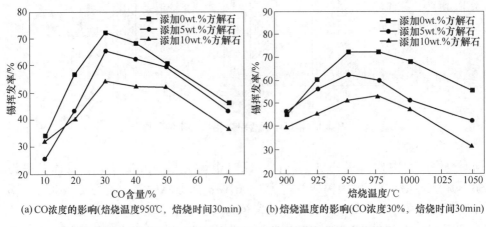

(a)CO浓度的影响(焙烧温度950℃，焙烧时间30min)　　(b)焙烧温度的影响(CO浓度30%，焙烧时间30min)

图4-5　方解石含量对含锡磁铁矿还原焙烧锡挥发率的影响

由图4-6可知，随着CO含量的增加，在不同石英含量条件下，含锡磁铁矿中锡的挥发率均呈先升后降的变化规律。但是在低CO含量条件下，石英添加量越高，还原焙烧产物中锡挥发率越低，在CO含量为20%时，添加质量分数为0%、5%和10%石英石时的锡挥发率分别为56.4%、40.7%和32.1%；而当CO含量提高后，石英添加量越高，还原焙烧产物中的锡挥发率越高，在CO含量达到70%时，添加质量分数为0%、5%和10%石英石时的锡挥发率分别为46.0%、56.6%和69.8%。对不同石英含量的含锡铁矿，适宜锡挥发的最佳CO含量不同。不添加石英时，在CO含量为30%条件下，锡挥发率达到最大值72.3%；添加5%石英、在CO含量为40%的条件下，锡挥发率最大值为75.2%；添加10%石英、CO含量为50%时，锡挥发率为80.2%。以上结果表明，石英对含锡磁铁矿还原焙烧脱锡率产生较明显影响。在950℃的条件下，石英含量越高，适宜SnO_2还原挥发的CO含量越高。图4-6还表明，随着焙烧温度的增加，添加不同含量石英时锡挥发率变化规律相同，即锡挥发率均呈现先升高后降低的趋势。石英含量越高，锡挥发率达到最大所需的焙烧温度越高。不添加石英、温度为950℃时，锡挥发率达到最大值72.3%；添加5%石英，焙烧温度分别为950℃和975℃时，锡挥发率分别为72.3%和74.4%；添加10%石英时，温度在1000℃时锡挥发率达到最大值 78.2%。因此，精矿中石英含量越高，所要求的焙烧温度越高。

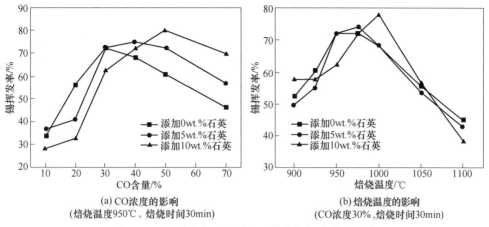

(a) CO浓度的影响
(焙烧温度950℃，焙烧时间30min)

(b) 焙烧温度的影响
(CO浓度30%，焙烧时间30min)

图 4-6　石英对含锡磁铁矿还原焙烧锡挥发率的影响

4.2.2　含锡磁铁精矿弱还原焙烧脱锡动力学

关于锡氧化物的还原动力学国内外部分学者曾进行过研究。由于本研究使用的含锡铁精矿中锡含量不高，在一定还原条件下可以挥发，因而采用间断法进行还原动力学研究。同时，由于铁精矿中锡的含量很少，其挥发物在还原试验过程中难以收集，气相中对其检测也较困难，因而非等温过程还原动力学条件较难实现，本文只对含锡铁精矿球团的等温还原动力学进行研究[6]。

4.2.2.1　试验方法与结果

采用内蒙古黄岗含锡磁铁精矿为研究对象，添加膨润土后混匀，造球，在还原动力学试验装置上对含锡铁精矿球团进行等温还原试验。当炉温达设定温度后，向反应炉中通入惰性气体（纯 N_2 99.99%），将炉中的空气赶尽。然后将球团样品放入反应炉中央恒温区，此时通入还原气体（组分为 $CO-CO_2$，其中 CO 体积百分含量为20%）进行焙烧，气体流速控制为 165mL/min。焙烧一定时间后取出样品，立即放入通有 N_2 保护的钢罐中冷却至室温，然后采用 XRF 法分析球团中锡和锌的含量，并采用式（4-1）计算锡的挥发率：

$$\gamma = [1 - (1 - \varepsilon) \times \alpha/\beta] \times 100\% \qquad (4-1)$$

式中，γ 为锡元素挥发率，%；ε 为球团失重率，%；α 为焙烧后锡元素残余含量，%；β 为焙烧前锡元素总含量，%。

在 950℃、1000℃、1050℃ 和 1100℃ 温度下，对含锡铁精矿预热球团分别焙烧 5min、10min、15min、20min、25min 和 30min，不同条件下获得锡的挥发率如图 4-7 所示。

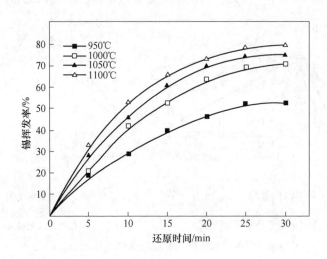

图 4-7 含锡铁精矿球团不同温度下锡挥发率随时间变化曲线

4.2.2.2 动力学模型分析

前文已提及，SnO_2 还原产物为气态 SnO，没有固态产物层的生成。铁精矿球团在还原过程中，SnO_2 不断被还原为 SnO 挥发进入气相。因而，对于单独的 SnO_2 固体颗粒来说，均可以采用收缩未反应核模型进行处理。动力学试验的还原气流速度大，当温度较低时，气相边界层以及气体产物和 CO 在球团内部的扩散阻力较小，可以忽略不计。因而球团中 SnO_2 的还原应为界面化学反应控制，或由界面化学反应与气体内扩散混合控制。

首先采用界面化学反应控制模型对图 4-7 中的试验数据进行处理，图 4-8 表示当温度分别为 950℃、1000℃、1050℃和 1100℃时，界面化学反应控制的函数 $f_1(x) = 1 - (1 - x)^{1/3}$ 与反应时间 t 的关系图。从图中可以看出，当温度为 950℃ 和 1000℃时，分别可以得到较好的直线关系，结果表明在该温度下的还原过程符合界面化学反应控制模型，由各直线的斜率可得到 950℃ 和 1000℃ 下的速率常数 k 值分别为 $8.19×10^{-3}$ 和 $11.42×10^{-3}$。而温度为 1050℃ 和 1100℃时，只在还原前期得到较好的直线关系，表明该温度下的还原过程可能为界面化学反应与气体内扩散混合控制。

图 4-9 表示 1050℃ 和 1100℃ 下 $f_2(x)/f_1(x)$ 与 $t/f_1(x)$ 的关系图，可以看出二者呈较好的直线关系，说明较高温度下，含锡铁精矿球团中 SnO_2 的还原反应为界面化学反应和气体扩散混合控制，与推测的结果一致。

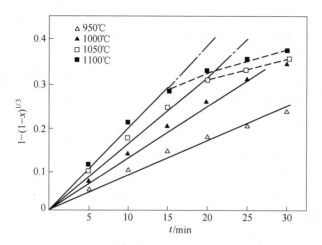

图 4-8　不同温度下 $f_1(x)$ 与 t 的关系曲线

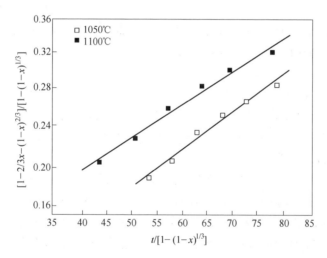

图 4-9　1050℃和1100℃下 $f_2(x)/f_1(x)$ 与 $t/f_1(x)$ 的关系曲线

4.3　含锡磁铁矿球团的预氧化和弱还原焙烧特性

热力学分析及动力学研究表明，采用弱还原气氛、控制焙烧温度条件处理含锡铁精矿，可实现铁与锡组分的有效分离，锡在弱还原焙烧过程中以 SnO 形式挥发进入收尘系统，而铁则主要以 FeO 形式留在焙烧球团中。

为实现这一目标，研究团队提出首先将含锡磁铁矿球团进行预热氧化，进而将预氧化球团送入煤基回转窑进行弱还原焙烧。为保证生产的顺行，要求含锡磁铁矿球团预热后必须具有足够的强度，以满足工业回转窑的要求。根据生产实践，预热球团抗压强度要求大于 400N/个，才能保证回转窑生产的顺行。此外，预氧化球团弱还原焙烧后，成品球团矿的强度和残留锡含量必须满足大中型高炉炼铁用球团矿基本要求。

接下来重点介绍含锡磁铁矿球团的预氧化特性和弱还原焙烧特性，为后续扩大化试验提供优化技术条件。

4.3.1 预氧化特性

4.3.1.1 预氧化过程热力学

研究表明，磁铁矿的氧化从 200℃开始，1000℃左右结束，其氧化过程分为以下两个阶段进行[9,10]：

第一阶段：
$$4Fe_3O_4 + O_2 \xrightarrow{>473K} 6\gamma\text{-}Fe_2O_3$$

第二阶段：
$$\gamma\text{-}Fe_2O_3 \xrightarrow{>673K} \alpha\text{-}Fe_2O_3$$

在第一阶段，主要发生氧化反应，不发生晶型转变，因为 Fe_3O_4（晶格常数 0.838nm）和 $\gamma\text{-}Fe_2O_3$（晶格常数 0.832nm）都属于立方晶系，其晶格常数相差甚微，Fe_3O_4 到 $\gamma\text{-}Fe_2O_3$（也称磁性赤铁矿）的转变仅仅是进一步除去 Fe^{2+}，形成更多的空位和 Fe^{3+}。但是，$\gamma\text{-}Fe_2O_3$ 一般是不稳定的。

由于 $\gamma\text{-}Fe_2O_3$ 的不稳定性，在较高温度下（>673K），晶格会重新排列，Fe^{2+} 和 Fe^{3+} 有较大的移动，而且氧离子可能穿过表层直接扩散，进行第二阶段氧化。$\alpha\text{-}Fe_2O_3$ 的晶格常数为 0.542nm，该阶段发生晶型转变，由立方晶系转为斜方晶系，其磁性也随之消失。

磁铁矿球团的氧化是成层状由表面向球中心进行，一般认为符合化学反应的吸附-扩散学说。低温时，磁铁矿表面形成很薄的 $\gamma\text{-}Fe_2O_3$，随着温度升高，离子移动能力增加，此时 $\gamma\text{-}Fe_2O_3$ 层的外面转变为稳定的 $\alpha\text{-}Fe_2O_3$。温度继续提高，Fe^{2+} 扩散到 $\gamma\text{-}Fe_2O_3$ 和 Fe_3O_4 界面上，充填到空位中，使之转变为 Fe_3O_4；Fe^{2+} 扩散到 $\alpha\text{-}Fe_2O_3$ 和 O_2 界面上，与吸附的氧作用形成 Fe^{3+} 和 O^{2-}，Fe^{3+} 和 O^{2-} 同时向内扩散，O^{2-} 扩散到晶格的节点上，最后全部成为 $\alpha\text{-}Fe_2O_3$。

等温条件下，磁铁矿球团氧化所需时间可用下列方程表示：

$$t = \frac{d^2}{k}\left[\frac{(1-\sqrt[3]{1-w})^2}{2} - \frac{(1-\sqrt[3]{1-w})^3}{3}\right] \tag{4-2}$$

式中，w 为氧化转化度，$w = 1 - (d-x)^3/d^3$；d 为球团直径，cm；x 为氧化带深度，cm；t 为氧化时间，s；k 为氧化速度系数，cm²/s。

磁铁矿球团矿完全氧化的时间（即 $w=1$ 时）为：

$$t_{完} = \frac{d^2}{6k} \tag{4-3}$$

氧化速度系数 k 与介质含氧量有关。

根据塔曼学派的研究，磁铁矿球团在预热阶段（约 $850 \sim 1000℃$）进行的反应一般均为固相扩散反应。这是因为球团原料都经过细磨处理，分散性高，比表面能大，晶格缺陷严重，呈现强烈位移趋势的活化状态。矿物晶格中的质点（原子、分子或离子）在塔曼温度下具有可动性，而且这种可动性随温度升高而加剧，当其取得了进行位移所必需的活化能后，就克服周围质点的作用，可以在晶格内部进行位置的交换，即固相扩散。在预热温度下，Fe_3O_4 氧化为 Fe_2O_3，此时由于晶格结构发生变化，新生成的 Fe_2O_3 表面原子具有较高的迁移能力，Fe_2O_3 颗粒之间通过固相扩散形成赤铁矿连接颈（连接桥）或固溶体相互黏结起来，使预热球团具有一定的强度。由于两个颗粒是同质的，所以颗粒之间的晶桥是 Fe_2O_3 单元系。不过相邻颗粒的结晶方向很难一致，所以黏结桥成为两个不同结晶方向的过渡区，其晶体结构很不完善。

工艺矿物学研究表明，磁铁矿中锡多以锡石（SnO_2）形式存在。从理论上分析，SnO_2 分解压小，是高温下稳定的化合物，因而在预热氧化过程中将不会发生化学变化。

4.3.1.2 预氧化参数的影响

预热温度和预热时间是影响预热球质量的重要因素。分别研究预热温度和时间对预热球抗压强度和 FeO 含量的影响，如图 4-10 和图 4-11 所示。研究预热温度的影响时，固定预热时间为 12min；研究预热时间的影响时，固定预热温度为 920℃。

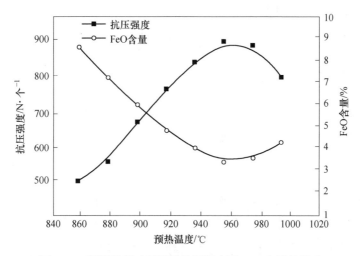

图 4-10 预热温度对预热球抗压强度及 FeO 含量的影响

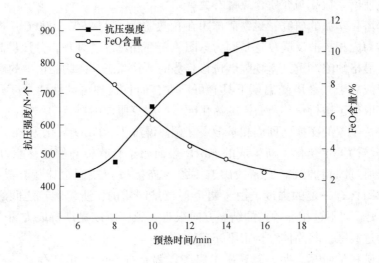

图 4-11　预热时间对预热球抗压强度及 FeO 含量的影响

从图 4-10 中可以看出，当温度在 $860\sim960\,℃$ 范围内变化时，随着预热温度的提高，磁铁矿球团中 FeO 含量从 8.34% 不断减少到 2.55%，表明 Fe_3O_4 被氧化为 Fe_2O_3 的程度增加。新生的 Fe_2O_3 颗粒由于具有较强的迁移能力，相互之间发生固相扩散反应，使预热球团的抗压强度逐步提高。但温度继续增加时，预热球团矿中 FeO 含量呈下降趋势，其抗压强度也开始下降。主要原因是当预热温度过高，球团矿表面 Fe_3O_4 的氧化速度快，在短时间内形成较致密的 Fe_2O_3 壳层。在预热过程中，使空气中的氧气向球团内部的扩散速度减慢，因而相同时间内 Fe_3O_4 被氧化的程度降低，导致 FeO 含量相对较高。同时，由于预热球团形成双层结构，其抗压强度降低。

图 4-11 曲线变化规律表明，预热时间对预热球质量也有较明显的影响。因为在同一焙烧温度下，随着焙烧时间的延长，Fe_3O_4 被氧化为 Fe_2O_3 的量增多，因而 FeO 含量降低，但降低的幅度减小。同时由于新生的 Fe_2O_3 不断发生固相扩散反应，使球团抗压强度逐步增加。

4.3.1.3　内配添加剂的影响

内配还原剂是为了增加碳质颗粒与球团中锡氧化物的接触面积，以改善锡在后续弱还原焙烧过程中的挥发条件。对此进行了内配还原剂球团的预热行为研究，以确定内配碳球团采用预热氧化-弱还原焙烧工艺的可行性[7,8]。

当预热温度为 920℃，预热时间 12min，内配还原剂用量均为 2%，研究还原剂种类对预热球抗压强度和 FeO 含量的影响，如图 4-12 所示。可以看出，在相同预热条件下，内配还原剂的预热球抗压强度都比没有添加还原剂的球团要略低，其中内配无烟煤和焦粉的球团抗压强度分别为585N/个和596N/个（大于400N/个），基本可以满足生产要求。相比较而言，内配褐煤、半焦和烟煤的预热球团抗压强度更小，分别为335N/个、360N/个和396N/个，均小于400N/个。主要原因是由于预热过程中球团表层和内部的气氛不同，预热球团出现分层结构，削弱了球团强度。

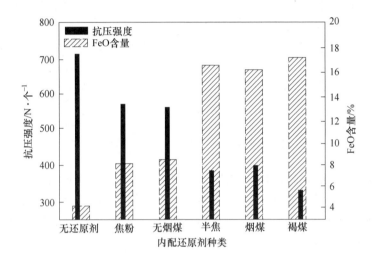

图4-12　不同种类还原剂对预热球团抗压强度及FeO含量的影响

　　球团外层磁铁矿处于强氧化气氛中，在空气中加热将发生氧化反应，生成Fe_2O_3层。而内配还原剂中的固定碳在加热过程中发生气化，使球团内部保持中性或弱还原性气氛，产生的少量CO气体一方面促进$Fe_3O_4 \rightarrow FeO$的还原；另一方面，气体产物（CO和CO_2）向外扩散，使空气中的氧气向内扩散的阻力增大，从而降低球团内部磁铁矿的氧化度。还原剂反应性越好，相同温度下气化速度越快，则形成的预热球团双层结构越严重，球团抗压强度越低。

　　以无烟煤为内配还原剂，研究不同用量对预热球团矿抗压强度及FeO含量的影响，如图4-13所示。固定预热条件为：预热温度为920℃，预热时间12min。可以看出，抗压强度随无烟煤用量增加呈下降趋势，而球团FeO含量则不断升高。无烟煤用量从0%增加到4%，预热球团强度从746N/个降低到405N/个。当其用量继续提高，球团强度均小于400N/个，无法满足要求。主要原因是无烟煤用量增加，在球团内部分散的密度增加，与铁精矿的接触面积也增多，内部磁铁矿被还原的程度和对氧气向球内部扩散的阻力同时增加，导致球团内外的气氛差距更大，所以形成的双层结构越严重。

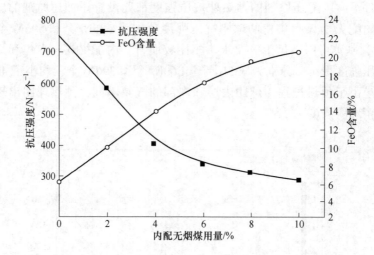

图 4-13　内配无烟煤用量对预热球强度和 FeO 含量的影响

对内配 2% 无烟煤的预热球团进行 XRD 分析，结果如图 4-14 所示。由图中可以看出，球团中存在的主要物相为 Fe_2O_3、Fe_3O_4 和少量 FeO（浮氏体）。显然，在预热过程中既发生了 $Fe_3O_4 \rightarrow Fe_2O_3$ 的氧化反应，球团局部又发生了 $Fe_3O_4 \rightarrow FeO$ 的阶段还原反应。

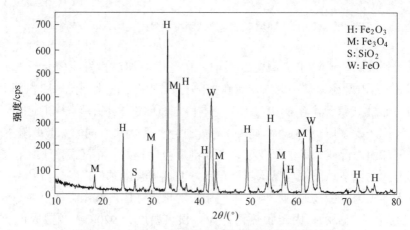

图 4-14　内配 2% 无烟煤的预热球团 XRD 分析结果

4.3.2　弱还原焙烧特性

4.3.2.1　等温弱还原焙烧

等温焙烧是指在恒定焙烧温度下，将含锡磁铁精矿预热球团和还原剂混合后，直接置于竖式焙烧炉的恒温区进行焙烧试验。前已述及，控制弱还原焙烧气氛和焙烧温度，可以实现含锡磁铁矿中锡的还原挥发。以固体煤炭为还原剂时，金属氧化物还原程度的大小取决于碳的反应性，即布多尔反应生成 CO 的速率，由此决定焙烧过程中还原气氛的强弱。工业上，采用煤基回转窑进行焙烧，窑内弱还原气氛控制的关键在于所选用还原煤的种类以及用量。

重点研究还原剂（种类及用量）、焙烧工艺条件（温度和时间）及添加剂（种类和用量）对还原焙烧效果的影响。

A 还原剂种类的影响

研究不同种类还原剂对焙烧过程的影响，主要是为了考查哪种还原剂更有利于实现本研究所需的弱还原气氛，达到最好的还原效果。固定试验条件：焙烧温度控制为 1075℃，C/Fe 比为 0.3，还原剂粒度控制在 3～5mm。不同种类还原剂对焙烧过程指标的影响如图 4-15 所示。

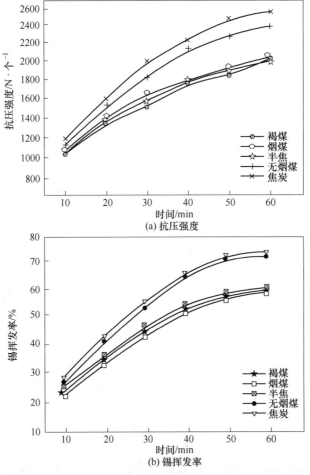

(a) 抗压强度

(b) 锡挥发率

图 4-15 还原剂种类对弱还原焙烧过程指标的影响

从图 4-15 可以看出：相同焙烧条件下，以焦炭和无烟煤为还原剂焙烧的球团矿抗压强度及锡挥发率指标相对较好。当焙烧温度为 1075℃，焙烧时间为 50min，不同种类还原剂焙烧的球团矿试验结果列于表 4-1 中。

表 4-1　不同种类还原剂焙烧的球团矿试验结果（1075℃，50min）

还原剂种类	抗压强度/N·个$^{-1}$	锡挥发率/%	残余 Sn 含量/%	TFe/%	MFe/%	金属化率/%	试验现象
褐煤	1868	55.36	0.114	73.50	17.45	23.74	球团表面有金属光泽，内部疏松多孔，呈塑性破裂
烟煤	1906	54.55	0.116	72.12	15.06	20.88	
半焦	1805	56.74	0.104	72.80	15.90	21.84	
无烟煤	2280	70.98	0.076	68.29	1.02	1.49	球团内部较致密，呈脆性破裂
焦粉	2488	72.54	0.068	67.32	0.69	1.02	

从表 4-1 中数据可以看出，以焦炭和无烟煤作还原剂球团矿焙烧后抗压强度分别为 2488N/个和 2280N/个，锡挥发率为 72.54%，球团矿中残余 Sn 的含量为 0.068%。相比较而言，以褐煤、烟煤和半焦为还原剂焙烧的球团矿抗压强度和锡挥发率明显较差，焙烧球团矿抗压强度均小于 2000N/个，锡挥发率只有 57.34%~59.55%。化学分析结果和试验现象表明，以焦炭和无烟煤为还原剂焙烧的球团矿破裂特性类似于氧化球团矿的脆性破裂，而其他 3 种球团矿属于半金属化球团，其表面呈金属光泽，破裂时呈塑性破裂。

主要原因是由于褐煤、烟煤和半焦的燃烧性较好，高温下反应性好，气化速度快，因而产生大量 CO 气体。气相组成中 CO 比例高，给球团矿焙烧提供较强的还原气氛，使部分铁氧化物还原为金属铁，同时强化了锌的还原。热力学分析表明，强还原气氛将导致 SnO_2 部分还原为金属锡，从而影响其挥发效果。由于焦粉和无烟煤的燃料比大，延后燃烧现象明显，焙烧过程中气化速度慢，相同条件下，可以持续提供较弱的还原气氛，保证了 SnO_2 在弱还原气氛中以 SnO 的形式挥发进入气相。但由于还原气氛较弱，在相同的温度下，锌的挥发率较低。而铁的氧化物基本上只发生 $Fe_2O_3 \rightarrow Fe_3O_4 \rightarrow FeO$ 的还原，只有很少量的 FeO 被还原为金属铁，在高温下还原生成的 FeO 发生再结晶，形成内部较致密的 FeO 球团，使球团矿具有较高的强度。因而，以焦炭和无烟煤为还原剂可以实现铁、锡的有效分离，达到综合利用的目的。

关于弱还原焙烧球团矿的固结机理，将在后文进行重点阐述。

B　C/Fe 的影响

由于我国钢铁行业所需焦炭资源紧缺，为保证工业生产的经济合理性，主要选用我国储量丰富的无烟煤为还原剂进行试验。

外配无烟煤用量（以 C/Fe 来表示）不同，反应过程中所提供的还原气氛有所差异。固定试验条件：焙烧温度 1075℃，焙烧时间 50min，研究了 C/Fe 对球团矿焙烧过程指标的影响，如图 4-16 所示。并采用化学分析法对焙烧过程完成后的无烟煤残渣进行固体碳含量分析，试验结果列于表 4-2 中。

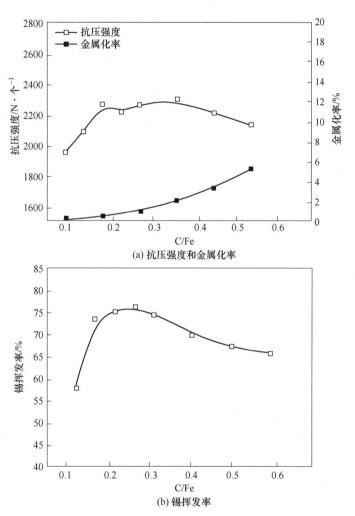

图 4-16　C/Fe 对弱还原焙烧过程指标的影响

表 4-2　不同 C/Fe 焙烧时无烟煤残渣中固体碳百分含量

C/Fe	0.1	0.15	0.20	0.25	0.30	0.4	0.5	0.6
固体碳百分含量/%	0.79	1.25	2.62	4.17	6.53	9.44	13.80	19.52

图 4-16 (a) 曲线表明，随着 C/Fe 的增加，球团矿抗压强度先增加后降低，而金属化率则一直呈上升趋势。当 C/Fe 为 0.2~0.4 时，球团矿抗压强度稳定在 2380~2420N/个。从图 4-16 (b) 可以看出，C/Fe 对锡挥发率有明显的影响。随着 C/Fe 的增加，锡挥发率呈先上升后下降趋势。当 C/Fe 从 0.1 提高到 0.2 时，锡挥发率显著增加，从 51.76% 提高到 71.86%。当 C/Fe 为 0.25 时，锡挥发率基本达最大，为 72.69%。若 C/Fe 继续增加到 0.6，锡挥发率呈明显下降趋势，其值下降到 60.84%。

当 C/Fe 较小时，无烟煤高温下气化产生的 CO 气体较少，球团中 SnO_2 被还原为 SnO 的程度较低，部分 SnO_2 没有被还原挥发。表 4-2 中数据表明，C/Fe 为 0.1 的无烟煤残渣中固体碳含量为 0.79%，说明无烟煤中固体碳在焙烧过程结束时基本上气化完全。当 C/Fe 为 0.25 时，焙烧过程中无烟煤持续气化所提供的弱还原气氛适合于球团矿中 $SnO_2 \rightarrow SnO$ 所需的还原气氛，因而大部分 SnO_2 被还原为 SnO，以气相的形式挥发。随着 C/Fe 的增大，产生的 CO 气体增多，气相组成中 CO 含量增加，导致还原气氛增强，部分 SnO_2 被还原为金属锡，从而降低球团中锡挥发率。

综合考虑，选用 C/Fe 为 0.25 进行以下研究。

C 焙烧工艺参数的影响

弱还原焙烧工艺参数主要包括恒温焙烧温度和恒温焙烧时间，它们将直接关系到工业回转窑生产能否实现优质、低耗和高效。为此，分别对各工艺参数进行了优化研究。

a 焙烧温度

分别研究焙烧温度为 1000℃、1025℃、1050℃、1075℃ 及 1100℃ 对弱还原焙烧过程指标的影响，如图 4-17 所示。其他试验条件固定不变：无烟煤为还原剂，C/Fe 为 0.25，焙烧时间 50min。

动力学研究表明，焙烧温度对还原反应速率的影响，在一定范围内成正相关关系。随着温度的提高，由于参加反应的物料颗粒和反应气体的分子运动增强，使反应速度增加，而所需的还原时间可以相应减少。

从图 4-17 可以看出，焙烧温度对弱还原焙烧过程有明显影响，焙烧球团矿的抗压强度以及锡挥发率都随着温度的提高呈先上升后下降的趋势。当焙烧温度提高到 1050~1075℃ 时，球团矿的抗压强度和锡挥发率基本上达到最大。温度继续提高到 1100℃ 时，试验过程中发现球团矿表面开始出现轻微的烧结现象，主要原因是由于温度较高，在弱还原条件下球团矿内部生成了低熔点物质（如橄榄石等），液相的生成一定程度上阻碍了球团矿中锡的挥发。

b 焙烧时间

分别选取焙烧时间为 10min、20min、30min、40min、50min 和 60min，研究

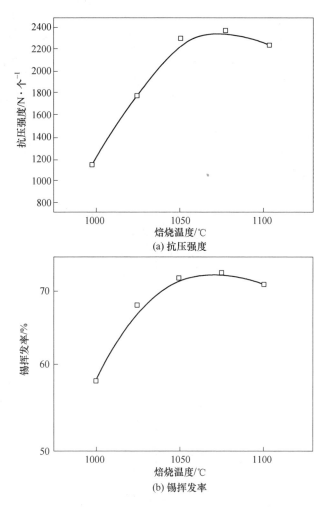

(a) 抗压强度

(b) 锡挥发率

图 4-17　焙烧温度对弱还原焙烧过程指标的影响

焙烧时间对弱还原焙烧过程指标的影响，结果如图 4-18 所示。其他试验条件固定为：无烟煤为还原剂，C/Fe 为 0.25，焙烧温度 1075℃。

图 4-18（a）中曲线表明，球团矿抗压强度随焙烧时间的延长逐步提高。当焙烧时间大于 30min 时，球团矿抗压强度大于 2045N/个。当焙烧时间继续提高，抗压强度提高的幅度减小。在图 4-18（b）中，焙烧时间从 10min 提高到 50min 时，锡挥发率显著提高，从 24.78% 增加到 72.69%。当时间继续延长时，锡挥发率呈微弱上升趋势，表明延长时间对提高挥发率的意义不大。

4.3.2.2　非等温弱还原焙烧

对于工业回转窑生产过程来说，物料从尾部加入回转窑以后有一个逐步升温

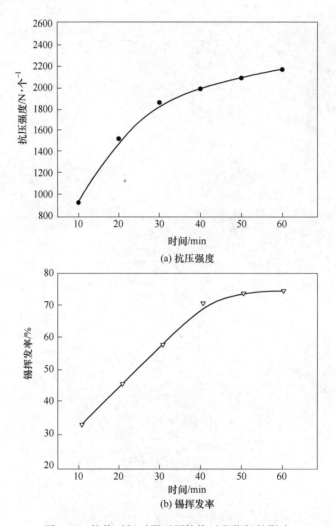

(a) 抗压强度

(b) 锡挥发率

图 4-18　焙烧时间对弱还原焙烧过程指标的影响

的过程。为了考查含锡铁精矿球团在升温过程中的还原焙烧行为，采用实验室动态回转管（φ100mm×1400mm）进行了非等温焙烧试验。本节重点研究了升温制度、恒温温度和恒温时间对非等温焙烧过程的影响。以无烟煤为还原剂，考虑到升温过程中有部分固体煤的消耗，选择 C/Fe 为 0.3。

A　升温制度的影响

根据工业上还原性回转窑的操作经验，将动态回转管的升温过程分为 3 个阶段：700~900℃（第一段）、900~1000℃（第二段）和 1000~1075℃（第三段）。设定基准升温制度（制度 1）各段的升温速度分别为：第一段 10℃/min，第二段 5℃/min，第三段 2.5℃/min。研究不同加热制度对焙烧过程的影响时，都是在基准升温制度的基础上变动某一段的升温速度，而其他两段的升温速度则保持不变。各升温制度的升温曲线如图 4-19 所示。固定恒温时间为 40min，在各升温制度下进行焙烧试验，获得的试验结果列于表 4-3 中。

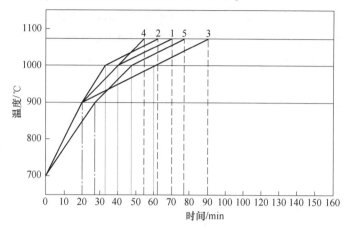

图 4-19　不同升温制度的升温曲线示意图

1—基准升温制度；2—二段升温速度 7.5℃/min；3—二段升温速度为 2.5℃/min；

4—三段升温速度 5℃/min；5——段升温速度 7.5℃/min

表 4-3　不同升温制度下获得的试验结果

升温制度	抗压强度/N·个$^{-1}$	锡挥发率/%	残余 Sn 含量/%
1	2560	75.89	0.051
2	2595	75.03	0.056
3	2498	76.21	0.048
4	2586	74.95	0.062
5	2465	75.68	0.053

从表 4-3 可获得以下几点主要结论：

（1）不同升温制度下焙烧所获得的球团矿抗压强度均大于 2400N/个，残余 Sn 含量均小于 0.07%；

（2）与基准升温制度 1 相比，升温制度 2 和 4 下所获得的试验结果稍差，表明第二段和第三段升温速度太快对锡挥发并不利（可能原因是锡氧化物的还原主要集中在该阶段，升温太快将降低锡挥发程度）；

（3）相比较而言，第一段和第二段升温速度快对球团矿的抗压强度有利，因为铁氧化物（主要是指 $Fe_2O_3 \rightarrow Fe_3O_4 \rightarrow FeO$）的还原主要在这两个阶段发生，快速升温将使 FeO 尽快在高温下发生再结晶，形成较高的球团矿强度。

在基准升温制度 1 下所获得的试验指标为：球团矿抗压强度 2560N/个，锡挥发率为75.89%，其中残余 Sn 含量为 0.051%。因此，选定基准升温制度 1 进行以下试验。

B　恒温温度的影响

在基准升温制度下，固定恒温焙烧时间为 40min，分别研究恒温温度为 1000℃、1025℃、1050℃、1075℃及 1100℃时球团矿的焙烧行为。非等温焙烧条件下，恒温温度对弱还原焙烧过程的影响如图 4-20 所示。

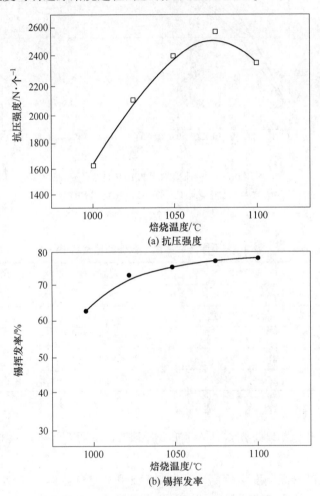

图 4-20　恒温温度对弱还原焙烧指标的影响

图 4-20（a）中曲线表明，非等温焙烧过程中，球团矿抗压强度随恒温温度的提高呈先上升后下降的趋势。当焙烧温度达 1075℃左右时，抗压强度达最大值，为 2560N/个。焙烧温度继续上升时，由于球团矿焙烧过程中有低熔点物质生成，导致表面出现烧结现象，因而一定程度上降低了球团矿强度。

从图 4-20（b）中还可以看出，锡挥发率随恒温温度的增加而不断提高。当恒温温度为 1050℃，锡挥发率已达 73.65%。当温度提高到 1100℃时，锡挥发率仅提高 1.40 个百分点。对于锡挥发来说，当恒温温度达到 1050℃后，继续提高温度对其影响不大。而且焙烧温度的提高，会加快布多尔反应速度，使无烟煤气化提供的还原气氛有所加强。

综合考虑，取恒温温度为 1050~1075℃。

C 恒温时间的影响

在基准升温制度下，固定恒温焙烧温度为 1050℃，研究含锡铁精矿预热球团不同恒温时间下的焙烧行为。恒温时间对非等温弱还原焙烧过程的影响如图 4-21 所示。恒温时间分别为 0min、10min、20min、30min、40min、50min 和 60min。恒温时间为 0min 表示球团矿刚完成逐步升温过程后，立即从回转管中倒出，不经过恒温焙烧。

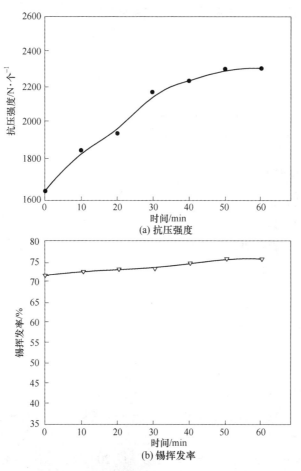

(a) 抗压强度

(b) 锡挥发率

图 4-21 恒温时间对非等温焙烧过程的影响

从图 4-21 （a）中可以发现，球团矿抗压强度随恒温时间的延长逐步提高。当焙烧时间小于 30min 时，随恒温时间的延长，球团矿抗压强度增加幅度较明显。当球团矿恒温焙烧 30min 时，其抗压强度达 2350N/个。焙烧时间继续延长，抗压强度提高幅度减小。图 4-21 （b）中曲线变化规律表明，恒温焙烧时间对锡挥发率的影响较小。当恒温时间从 0min 变化到 60min 时，锡挥发率从 69.88% 提高到 75.05%。当恒温时间为 30min 时，锡挥发率为 72.22%，时间继续延长锡挥发率提高幅度并不大。结果表明，球团矿中锡的挥发主要集中于非等温焙烧的升温过程中。综合考虑球团矿抗压强度和锡挥发率指标，恒温焙烧时间取 30～40min 为宜。

4.4 模拟链算机预氧化-回转窑弱还原焙烧扩大化试验

借鉴铁精矿直接还原球团的生产经验，含锡磁铁矿球团的干燥及预热可在链算机上进行，预热球团的弱还原焙烧在煤基回转窑内进行。为进一步验证实验室小型试验所获得工艺参数的可靠性，在中南大学模拟链算机—煤基回转窑试验装置中进行扩大化研究[11, 12]。

本节重点对模拟链算机预氧化和回转窑弱还原焙烧的工艺参数进行优化。除以成品球团矿的抗压强度和锡挥发率作为考查指标以外，同时还重点考查了预热球的抗压强度和 AC 转鼓指数，以预热球抗压强度大于 400N/个及 AC 转鼓指数小于 5% 作为预热工艺参数优劣的考查标准。

4.4.1 扩大化试验流程

扩大化试验所采用的工艺流程图如图 4-22 所示。

将制备好的含锡磁铁矿生球直接装入模拟链算杯中，按设定的干燥及预热条件进行试验。预热好的球团经排料装置卸出，取出少部分预热球待冷却后进行强度测定，其余球团趁热与粒度为 5～8mm 的无烟煤一起，用装料设备装入已升温至 800℃ 的还原回转窑内。回转窑是采用中南大学已有的 φ1000mm×500mm "火力模型" 试验装置，该装置目前是国内最大的还原性回转窑模拟扩大试验设备。至今在该设备上已进行过十余项有关铁矿球团还原的扩大化研究，所获得的参数已成功用于指导生产实践。

含锡铁精矿预热球团的弱还原焙烧过程按逐步升温、高温恒温和均热等几个步骤进行。恒温焙烧和均热过程完成后，将球团矿卸出，装入带盖铁罐中进行自然冷却，冷却后将残煤和焙烧球团矿分开并分别称重，然后对成品球团矿进行强度测定和成分分析。

生球团链算杯干燥及预热条件：料层高度 200mm，鼓风干燥温度 200℃，鼓风干燥时间 3min，抽风干燥温度 400℃，抽风干燥时间 6min，鼓风和抽风干燥风

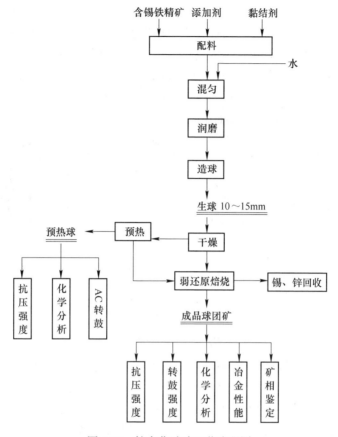

图 4-22　扩大化试验工艺流程图

速均为 1.5m/s；预热温度 900℃，预热时间 12min，预热风速 1.5~1.8m/s。

预热球团回转窑弱还原焙烧条件：球团入窑温度 800℃，回转窑升温制度为动态回转窑试验获得的优化升温制度，第一段（800~900℃）升温速度 10℃/min，第二段（900~1000℃）升温速度 5℃/min，第三段（1000℃~恒温温度）升温速度 2.5℃/min。升至恒温 1075℃后，控制焙烧时间 40min，以无烟煤为还原剂，C/Fe 为 0.25，其粒度为 5~8mm。

4.4.2　模拟链算机预氧化工艺参数优化

4.4.2.1　预热温度

选择预热温度变化范围为 880~1000℃进行试验，预热温度对预热球强度、成品球强度及锡挥发率的影响如图 4-23~图 4-25 所示。

图 4-23 中结果表明：当预热温度在 880~960℃范围内变化时，预热球强度

不断提高，AC 转鼓指数则呈下降趋势；预热温度为 960℃时，预热球抗压强度达 785N/个，AC 转鼓指数为 3.8%；当预热温度继续上升到 1000℃时，预热球强度明显下降。主要原因是预热温度过高，预热氧化过程中球团表层易形成较致密的"Fe_2O_3"壳层，使球团内部磁铁矿氧化速度慢，便形成双层结构。

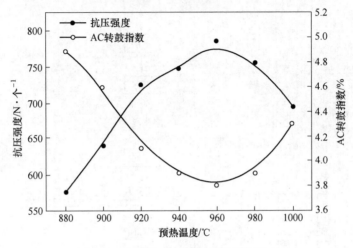

图 4-23　预热温度对预热球强度的影响

从图 4-24 中可以看出，当预热温度小于 960℃时，成品球团矿强度随温度的提高而增加；在预热温度大于 960℃后，成品球团矿强度随温度的提高而降低。主要原因是预热过程中形成的双层结构球团在回转窑焙烧过程中，由于球团内外铁氧化物的还原速率不相同，还原生成的 FeO 速度相差较大，影响 FeO 再结晶程度，从而影响成品球强度。总体上来看，成品球抗压强度均大于 2200N/个，转鼓强度均大于 96%，耐磨指数均小于 3.2%。

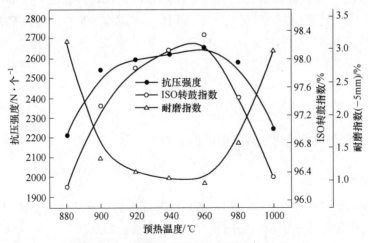

图 4-24　预热温度对成品球强度的影响

图 4-25 中曲线表明，预热温度过高对锡挥发率并不利。当预热温度小于960℃时，锡挥发率随温度的变化并不明显；当温度高于960℃时，预热球团形成了双层结构，在弱还原焙烧过程中较致密的球团表层，一定程度上阻碍了还原气体向内扩散，不利于锡的挥发。

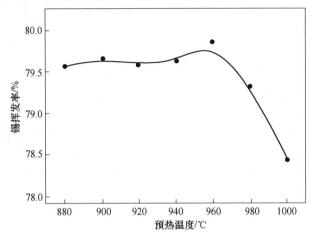

图 4-25 预热温度对成品球团锡挥发率的影响

综合考虑热耗及球团矿质量指标，工业上推荐预热温度为 920~940℃。

4.4.2.2 预热时间

固定预热温度为 920℃，选择预热时间的变化范围为 8~18min 进行研究。预热时间对预热球强度、成品球强度及锡挥发率的影响如图 4-26~图 4-28 所示。

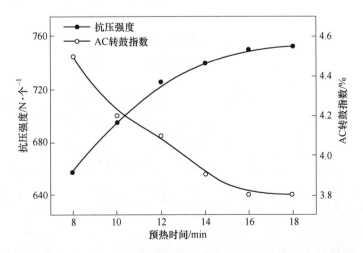

图 4-26 预热时间对预热球强度的影响

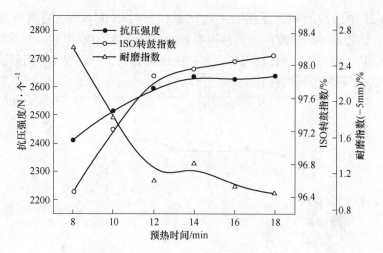

图 4-27　预热时间对成品球强度的影响

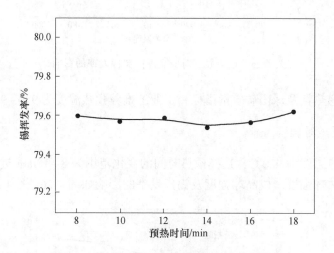

图 4-28　预热时间对成品球团锡挥发率的影响

从图 4-26~图 4-28 可以看出，当预热时间在 8~18min 的范围内变化时，预热球和成品球强度均随时间的增加不断提高，锡挥发率则变化不明显。预热球抗压强度都大于 650N/个，AC 转鼓指数小于 4.5%；成品球团矿抗压强度大于 2410N/个，ISO 转鼓指数大于 96.46%，耐磨指数均小于 2.65%；锡挥发率基本维持在 79.50% 左右。相比较而言，当预热时间小于 12min 时，预热球团和成品球强度随时间延长提高的幅度较大；当时间大于 12min 后，球团强度变化不大。

考虑到链算机上预热时间过长，工业上链算机设计长度需增加，导致成本增加，同时会降低生产率。因而，建议预热时间采用 12min。

4.4.3 模拟回转窑弱还原焙烧工艺参数优化

回转窑弱还原焙烧试验是固定在优化的干燥及预热工艺参数条件下进行。以成品球强度及锡挥发率为主要考核指标，主要研究了回转窑内恒温温度、恒温时间、还原剂用量（C/Fe）及添加剂对回转窑弱还原焙烧过程的影响。

4.4.3.1 恒温温度

固定恒温时间为 40min，分别研究恒温温度为 1000℃、1025℃、1050℃、1075℃和 1100℃时成品球团矿的强度及锡挥发率的变化行为，结果如图 4-29 和图 4-30 所示。

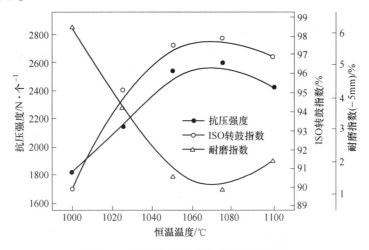

图 4-29 恒温温度对成品球强度的影响

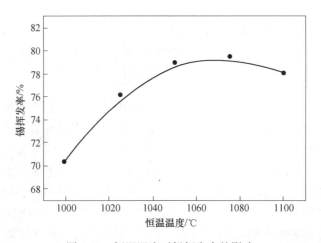

图 4-30 恒温温度对锡挥发率的影响

图 4-29 和图 4-30 中曲线表明，成品球团矿强度及锡挥发率均随恒温温度的提高呈先上升后下降的趋势。当焙烧温度达 1050℃时，成品球强度基本上达最大值，抗压强度为 2536N/个，ISO 转鼓指数为 97.44%，耐磨指数为 1.56%，锡挥发率达 78.85%；焙烧温度继续上升到 1075℃时，成品球强度只有少许增加，锡挥发率增加 0.8%左右；当恒温温度继续上升至 1100℃时，球团矿强度和锡挥发率开始呈下降趋势。主要原因是由于恒温温度过高，球团矿焙烧过程中有低熔点物质生成，导致表面出现烧结现象，因而一定程度上降低球团矿强度和阻碍锡挥发。

综合考虑，当恒温时间为 40min 时，推荐工业回转窑恒温温度控制在 1050~1075℃。

4.4.3.2 恒温时间

控制回转窑恒温温度 1075℃左右，研究恒温时间对成品球团矿强度及锡挥发率的影响，结果如图 4-31 和图 4-32 所示。

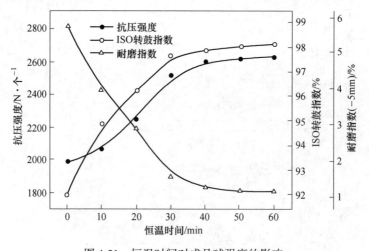

图 4-31 恒温时间对成品球强度的影响

从图 4-31 和图 4-32 中可以看出，成品球团矿强度及锡挥发率均随恒温时间的延长逐步提高。恒温时间在 10~60min 变化时，成品球团矿抗压强度大于 2000N/个，ISO 转鼓指数大于 95%，耐磨指数小于 4%，锡挥发率大于 75.7%；当恒温时间小于 30min 时，随恒温时间的延长，球团矿强度及锡挥发率增加幅度较明显；当球团矿恒温焙烧 30min 时，其抗压强度达 2510N/个，ISO 转鼓指数为 97.66%，耐磨指数为 1.44%，锡挥发率为 79.32%；焙烧时间继续延长，球团矿强度及锡挥发率提高幅度减小，并逐步趋于稳定。所获得的试验结果与试验室动态回转管中进行的非等温焙烧试验结果是一致的。

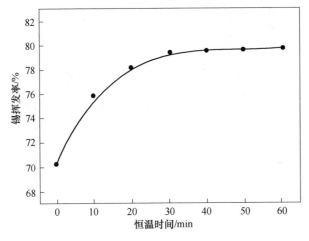

图 4-32 恒温时间对锡挥发率的影响

综合考虑，当恒温温度控制为 1075℃ 左右时，推荐工业回转窑恒温时间控制在 30~40min。

4.4.3.3 C/Fe

控制回转窑恒温温度为 1075℃，恒温时间为 40min，研究还原剂用量（即 C/Fe）对成品球团矿的强度及锡挥发率的影响，结果如图 4-33 和图 4-34 所示。

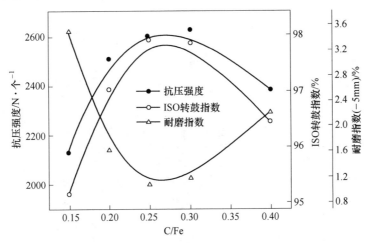

图 4-33 C/Fe 对成品球强度的影响

由图中可以看出，当 C/Fe 在 0.15~0.4 的范围内变化时，球团矿强度和锡挥发率呈先上升后降低的趋势。当 C/Fe 小于 0.30 时，球团矿强度增加幅度较快，而锡挥发率只有少许提高；当 C/Fe 继续提高到 0.4 时，球团矿强度和锡挥

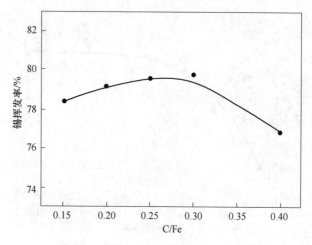

图 4-34   C/Fe 对成品球锡挥发率的影响

发率开始下降。试验过程中还发现，C/Fe 为 0.4 时焙烧的球团矿表面呈金属光泽，测定抗压强度时球团矿发生轻微塑性变形。主要原因是当 C/Fe 较大时，无烟煤气化产生的 CO 气体增多，回转窑内气相组成中 CO 含量增加，导致还原气氛增强，部分 FeO 进一步还原为金属铁，部分 SnO 被还原为金属锡，从而降低球团中锡挥发率。

综合考虑，推荐工业回转窑弱还原焙烧过程的 C/Fe 为 0.20~0.25。

4.4.3.4   添加剂

固定恒温温度为 1075℃，恒温时间为 40min，C/Fe 为 0.25。对不同添加剂球团在链箅机—回转窑模拟装置上进行全流程试验，预热及焙烧试验结果列于表 4-4 中。

表 4-4   不同添加剂球团预热及焙烧试验指标对比

内配添加剂种类及用量/%	预热球团		成品球团					
	抗压强度/N·个⁻¹	AC 转鼓指数/%	抗压强度/N·个⁻¹	ISO 转鼓指数/%	耐磨指数/%	锡挥发率/%	TFe/%	金属化率/%
无添加剂	725	4.1	2595	97.88	1.12	79.58	67.32	1.05
1%无烟煤	668	4.4	2528	97.45	1.44	79.95	67.69	1.28
2%无烟煤	596	4.6	2485	97.10	1.92	80.33	68.07	1.87
0.5%氯化钙	776	3.9	2620	98.06	0.98	86.64	67.75	1.17

从表 4-4 中数据可以得出以下两点主要结论：

（1）球团内配1%~2%无烟煤对锡挥发有少许改善作用，预热球强度和成品球强度比无添加剂球团要低，但预热球抗压强度仍高于590N/个，AC转鼓指数小于4.6%，成品球抗压强度大于2480N/个，ISO转鼓指数大于97%，耐磨指数小于2%，球团矿质量指标可满足工业生产要求；

（2）球团内配0.5%氯化钙为添加剂，与无添加剂球团相比，由于氯化剂的作用，球团矿中锡挥发率显著提高，预热球及成品球强度有少许增加。

4.4.3.5 回转窑内烟气成分测定

通常，气体介质特性由燃烧产物的含氧量所决定，按照燃烧产物的含氧量可将球团焙烧气氛分为以下几种，见表4-5。

表 4-5 燃烧产物含氧量与焙烧气氛的关系

燃烧产物含氧量/%	> 8	4~8	1.5~4	1.0~1.5	< 1
焙烧气氛	强氧化气氛	正常氧化气氛	弱氧化气氛	中性气氛	弱还原或还原气氛

采用S2000烟气分析仪对回转窑逐步升温阶段以及恒温焙烧阶段时的烟气中CO_2、CO和O_2进行了含量检测。不同阶段的烟气成分分析结果见表4-6。从回转窑气体成分分析结果可以看出，在球团矿升温及恒温焙烧过程中，烟气中CO浓度为2%左右，而含氧量小于1%，表明球团矿在回转窑整个焙烧过程中的气氛属于弱还原焙烧气氛。

表 4-6 不同阶段烟气成分测定结果

项 目	CO_2/%	CO/%	O_2/%	其他气体（N_2等）/%
逐步升温段	9.1~9.4	2.0	0.74~0.93	87.67~88.16
恒温焙烧段	9.9~10.2	2.2	0.31~0.32	87.29~87.59

4.5 弱还原焙烧球团矿综合性能与固结机制

实验室小型试验和扩大化试验研究结果均表明，通过外配一定用量还原性较差的无烟煤，对含锡磁铁精矿预热球团进行弱还原焙烧，有效实现了铁、锡的分离，同时弱还原焙烧获得的成品球团矿具有较高的强度，可满足现代大中型高炉对冶炼入炉炉料的要求。为深入了解弱还原焙烧球团矿强度形成的机理，需要首先对其主要成分、矿物组成及含量、显微结构特征等进行详细分析。本节在查明成品球团矿综合性能的基础上，采用光学显微镜、扫描电镜及X射线衍射仪等微观测试技术，对弱还原焙烧球团矿的固结机理进行了探讨，并系统分析了影响弱还原焙烧球团矿固结行为的因素。

4.5.1 成品球团矿综合性能

随着高炉炼铁技术的发展，铁矿石（烧结矿或球团矿）不仅要求在冷态时应有良好的物化性能，而且应具备良好的低温、中温和高温冶金性能，满足高炉冶炼的要求。本研究采用链算机预氧化-煤基回转窑新工艺处理含锡磁铁精矿，旨在综合回收锡的同时，为高炉提供优质的炼铁用球团矿。

4.5.1.1 主要化学成分分析

对综合条件下扩大化试验所获得的成品球团矿进行了化学分析，试验样品编号分别为 1 号（内配 2% 无烟煤）和 2 号（无添加剂）。两种球团矿化学成分分析结果见表 4-7。1 号和 2 号成品球团矿 TFe 分别为 68.07% 和 67.32%，FeO 含量分别为 70.28% 和 68.99%；其中残留 Sn、Zn、As 的含量小于 0.059%，满足高炉冶炼的要求。

表 4-7 成品球团矿主要化学成分 （%）

样品编号	TFe	FeO	Sn	As	Zn	SiO_2	CaO	MgO	S	Na_2O	K_2O
1 号	68.07	70.28	0.051	0.033	0.052	6.25	2.85	0.75	0.128	0.067	0.13
2 号	67.32	68.99	0.059	0.035	0.060	6.42	2.90	0.70	0.103	0.070	0.15

4.5.1.2 主要冶金性能测定

为评价该类球团矿是否具备高炉炼铁要求的各种热态性能，对 1 号和 2 号成品球团矿的各种冶金性能指标进行了测定，并与高温氧化焙烧球团矿（3 号）的冶金性能指标进行对比。球团矿的冶金性能检测内容主要包括还原性、低温还原粉化性、球团矿还原膨胀及高温软熔特性等。

还原性（RI）是模拟球团矿自高炉上部进入高温区的条件，用还原气体从铁矿中排除与铁结合的氧的难易程度的一种度量。它是评价球团矿冶金性能的重要质量指标。球团矿的还原性按国家标准 GB 13241—91 测定。

低温还原粉化（RDI）也是评价球团矿冶金性能的重要指标。因为球团矿进入高炉炉身上部 500~600℃ 区间时，由于受气流冲击及含铁炉料还原 $Fe_2O_3 \rightarrow Fe_3O_4 \rightarrow FeO$ 过程发生晶形转变，导致块状炉料粉化，大量的粉末直接影响炉内气流分布和炉料运行。球团矿的低温还原粉化性按国家标准 GB 13242—91（静态法）测定。

还原膨胀是指球团矿在还原过程中，由于 $Fe_2O_3 \rightarrow Fe_3O_4$ 的还原发生晶格转变，以及浮氏体还原可能出现的铁晶须，使其体积膨胀。若发生异常膨胀，球团碎裂将直接影响炉料的顺行和高炉的还原过程。因而，还原膨胀指数已被作为评价球团矿质量的重要指标。球团矿的还原膨胀指数按国家标准 GB 13240—91 测定。

还原软化-熔融性是模拟高炉中的高温熔融带，在一定荷重和还原气氛下，按一定升温制度，以试样在加热过程中的某一收缩值的温度表示的软熔起始温度、软熔终了温度和软熔区间，以气体通过料层的压差变化表示熔融带对透气性的影响。球团矿的还原软熔性按照我国马钢钢研所制定的标准测定。

对 1 号、2 号和 3 号球团矿的各种冶金性能指标进行测定，检测结果列于表 4-8 中。结果表明：（1）1 号和 2 号球团矿的冶金性能指标基本相当；（2）1 号和 2 号球团的还原粉化指数 $RDI_{+3.15mm}$>99%，还原膨胀率 RSI 分别为 8.1% 和 8.2%（<15.0%），从还原粉化指数和膨胀率角度来说，该类球团矿属于优质球团矿；（3）相较于氧化球团矿，本研究所制备的弱还原焙烧球团矿软化区间比氧化球团矿软化区间宽约 30℃，而熔融区间基本相当。综上冶金性能研究结果可以看出，弱还原焙烧工艺制备的弱还原球团矿可用作高炉冶炼炉料。

表 4-8　不同球团矿冶金性能指标对比

编号	RDI +3.15mm /%	RSI /%	软化开始 温度/℃	软化结束 温度/℃	熔融开始 温度/℃	熔融结束 温度/℃	软化区间 /℃	熔融区间 /℃	最大压差 /Pa
1 号	99.02	8.2	1062	1203	1189	1338	141	149	13358
2 号	99.23	8.1	1064	1204	1188	1339	140	151	13361
3 号	87.95	15.25	1074	1189	1219	1370	115	151	13312

注：3 号球团矿为链算机-氧化回转窑生产的酸性球团矿。

4.5.1.3　成品球团矿还原性评价

对成品球团矿的还原性按照酸性氧化球团矿的测定方法（GB 13241—91）进行检测。试验条件为：还原温度 900℃，时间为 180min，CO%＝30%，N_2%＝70%，气体流量为 15L/min。然而，该测定条件下，获得弱还原焙烧球团矿的失重率几乎为 0。根据还原度计算公式：

$$R = \left(\frac{0.11W_1}{0.43W_2} + \frac{\Delta m}{m_0 \times 0.43W_2} \times 100 \right) \times 100\% \qquad (4-4)$$

式中，W_1 为还原前试样中 FeO 含量，%；W_2 为试验前试样中 TFe 含量，%；Δm 为还原前后质量之差，g；m_0 为还原前质量，g。

根据上式计算，1 号和 2 号球团矿在此条件下的还原率分别为 26.41% 和 26.22%，也可认为，该球团矿回转窑弱还原焙烧过程中已达到的还原率为 26.41% 和 26.22%。

从成品球团矿的主要化学成分与弱还原焙烧工艺特点来看,在弱还原焙烧过程中,含锡磁铁矿球团中绝大部分磁铁矿已被还原到 FeO 阶段(FeO 含量为 69%左右),表明该球团矿属于预还原球团矿。由此可知,该类球团矿在高炉上部较低温度区间(≤900℃)几乎不会发生间接还原反应。因此,采用一般的铁矿石或氧化球团矿还原性测定方法,不能准确评定该球团矿的还原性好坏。

由于目前对高 FeO 含量的预还原球团矿的还原性测定没有统一标准,为更好地了解该类球团矿在高炉冶炼过程中的还原性,本研究团队对该类球团矿在更高温度下(>900℃)的还原率进行了测定。试验条件为:分别称量 1 号和 2 号球团矿 200g,外配焦粉作还原剂(C/Fe 为 5∶1),在实验室竖式焙烧炉中进行还原焙烧。还原温度为 1150℃,还原时间为 180min。还原试验完成后,球团矿的失重分别为 16.40g 和 16.06g。球团矿中铁氧化物全部按 FeO 计,则球团矿在该条件下主要发生以下反应:

$$FeO + CO \Longrightarrow Fe + CO_2$$

$$2FeO + C \Longrightarrow 2Fe + CO_2$$

还原过程失重均是由于 FeO 中氧的脱除引起的,因此,高浮氏体球团矿的还原率可由以下公式计算:

$$R = \left(\frac{\Delta m}{m_0 \times 0.22 W_1} \times 100 \right) \times 100\% \tag{4-5}$$

式中,W_1 为还原前试样中 FeO 含量,%;Δm 为还原前后质量之差,g;m_0 为还原前质量,g。

由此可计算出当焙烧温度为 1150℃时,1 号和 2 号球团矿还原率分别为53.03%和53.62%。

综合考虑成品球团矿在回转窑中进行弱还原焙烧后已达到的还原率,可认为在 1150℃时,1 号和 2 号球团矿的总还原率分别达到了 79.44%和 79.84%。表明该类球团矿送入高炉冶炼时,仍具有较好的还原性。由于试验的还原焙烧温度(1150℃)低于其还原熔融的开始温度(1188℃),以总还原率作为球团矿的还原性评价指标是合理的。

4.5.2　成品球团矿固结机理

4.5.2.1　主要矿物组成及含量

采用 Leica 光学显微镜对弱还原焙烧球团矿进行显微结果鉴定,结合扫描电镜及特征 X 射线能谱分析证实,焙烧球团矿的主要组成矿物为浮氏体、磁铁矿、少量金属铁和橄榄石,图 4-35 中 XRD 分析结果也可证明这一点。此外,光学显微镜下还可发现有少量硅质玻璃体及游离石英等脉石存在。

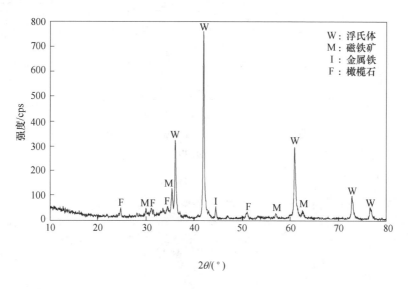

图 4-35 弱还原焙烧球团矿 XRD 分析结果

采用 Leica 配套的图像分析软件，对球团矿的主要组成矿物进行特征测量，然后结合元素化学分析结果计算其质量百分含量，结果列于表 4-9。可以看出，球团矿中存在的主要金属矿物为浮氏体，占 70.5%，其次为磁铁矿，含量为 7.2%，金属铁含量仅为 1.3%。在图 4-35 中，浮氏体的衍射峰值最高，其次是磁铁矿。虽然球团矿中橄榄石含量高达 15.9%，但由于其结晶程度不高，在 X 射线衍射图中表现为衍射峰值较低。其他脉石矿物由于含量低或呈非晶态，无法在衍射图中表现出来。

表 4-9 弱还原焙烧球团矿主要组成矿物及含量　　　　　　　　　(%)

浮氏体	磁铁矿	金属铁	橄榄石	硅质玻璃体	游离石英	其他
70.5	7.2	1.3	15.9	2.8	0.9	1.4

显微鉴定及 XRD 分析结果表明，球团矿主要由铁的各种化合物组成，因而对球团矿中铁的物相采用化学法进行分析，结果见表 4-10，可以看出，弱还原焙烧球团矿中的铁主要分布在浮氏体（游离 FeO）中，占 TFe 含量的 82.66%，其次是分布在硅酸盐（即铁、钙、硅复杂化合物）中，占 9.07%，磁性铁中铁的分布率为 6.75%。铁的物相分析结果也表明，浮氏体是球团矿最主要的含铁矿物。

表 4-10　弱还原焙烧球团矿中铁的化学物相分析结果

名称	浮氏体（FeO）中 Fe	磁性铁中 Fe	金属铁中 Fe	硅酸盐中 Fe	TFe
含量/%	55.35	4.52	1.02	6.07	66.96
占有率/%	82.66	6.75	1.52	9.07	100

4.5.2.2　显微结构特性

首先将成品球团矿制成光片后进行显微结构分析，研究球团矿中主要组成矿物的赋存形态及嵌布特点。图 4-36 和图 4-37 为弱还原焙烧球团矿的光学显微分析及 SEM 分析照片。

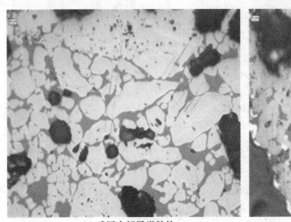
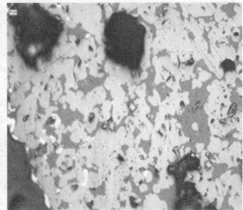

(a) 球团内部显微结构　　　　　　　　　　(b) 球团边缘显微结构

图 4-36　弱还原焙烧球团矿光学显微结构照片（反光 200×）

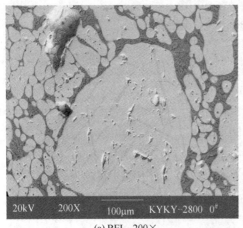
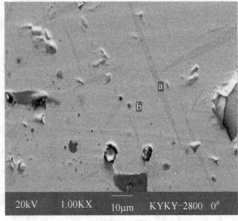

(a) BEI，200×　　　　　　　　　　　　(b) BEI，1000×

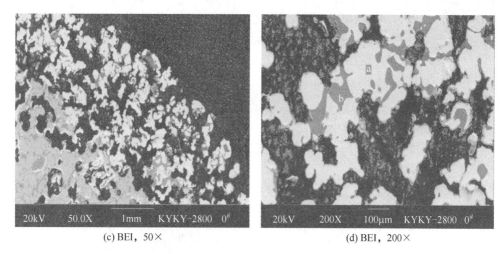

(c) BEI，50×　　　　(d) BEI，200×

图 4-37　还原焙烧球团矿 SEM 分析

　　从图 4-36 中可以看出，浮氏体是弱还原焙烧球团矿中含量最多的物相，其特征 X 射线能谱及成分如图 4-38 所示。浮氏体属等轴晶系，显微硬度为 450 ~ 500kg/mm^2，其反射率为 18% ~ 20%，在反射光下为灰白色，晶形多呈浑圆状或长条不规则状，常与磁铁矿共存。在回转管焙烧过程中，由于还原较弱，预热球团主要发生 Fe_2O_3→Fe_3O_4→FeO 阶段的还原，新生的浮氏体晶粒具有较大的迁移能力，在较高高温下发生再结晶，大部分互连成片，并与充填在浮氏体颗粒之间的橄榄石紧密镶嵌，使球团矿具有较高的强度。

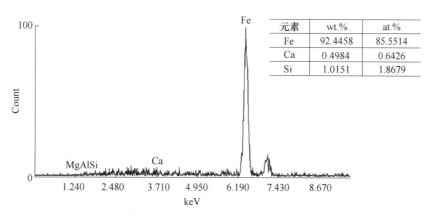

元素	wt.%	at.%
Fe	92.4458	85.5514
Ca	0.4984	0.6426
Si	1.0151	1.8679

图 4-38　浮氏体的特征 X 射线能谱及成分（图 4-37（b）中 b 点）

　　磁铁矿是弱还原焙烧球团矿中含量仅次于浮氏体的金属矿物，常呈叶片或网格状分布在粒度较粗的浮氏体颗粒内部（见图 4-37），其特征 X 射线能谱及成分如图 4-39 所示。磁铁矿在反射光下的反射率为 20% ~ 21%，均质体，显微硬度为 500 ~

$600kg/mm^2$。该部分磁铁矿形成的原因主要是球团内部粒度较粗的磁铁矿未被完全还原，因而在冷却结晶过程中以网格状形式分布在粒度较粗的浮氏体内部。

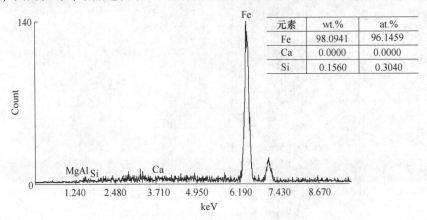

元素	wt.%	at.%
Fe	98.0941	96.1459
Ca	0.0000	0.0000
Si	0.1560	0.3040

图 4-39　磁铁矿的特征 X 射线能谱及成分（图 4-37（b）中 a 点）

弱还原焙烧球团矿中还含有少量金属铁，多沿球团矿边缘分布（见图 4-37（c）），其特征 X 射线能谱及成分如图 4-40 所示。金属铁在反射光下的反射率高达 65%，反射色为亮白色，常呈浑圆粒状或次浑圆状，少数为不规则状。由于球团矿边缘在还原过程中与无烟煤直接接触，使 FeO 还原为金属铁的程度加强，导致边缘形成较多的金属铁。

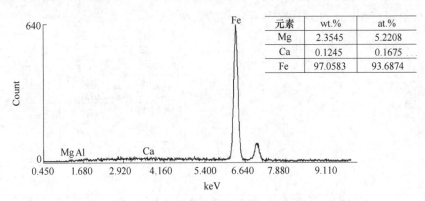

元素	wt.%	at.%
Mg	2.3545	5.2208
Ca	0.1245	0.1675
Fe	97.0583	93.6874

图 4-40　金属铁的特征 X 射线能谱及成分（图 4-37（d）中 a 点）

铁橄榄石是弱还原焙烧球团矿中最主要的脉石矿物，其含量仅次于浮氏体，分布较为广泛，多充填在浮氏体颗粒之间，与浮氏体紧密镶嵌，其特征 X 射线能谱及成分如图 4-41 所示。由图可见，橄榄石主要为铁、钙、硅等的化合物。显微镜下观察发现，大多数橄榄石呈轮廓不明显的隐晶质晶体，呈板状（见图 4-36 中灰色板状物）。在采用扫描电镜放大至 500 倍或 1000 倍的条件下，可见部分橄榄石呈链状，部分呈花瓣状雏晶形式（见图4-42）。橄榄石雏晶的形成表明样品中橄榄石的结晶程度并不高，另一方面，也证明了球团矿的X射线衍射图中橄榄石衍射峰不显著，是由于橄榄石结晶不完全所致。

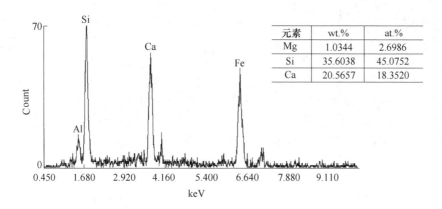

元素	wt.%	at.%
Mg	1.0344	2.6986
Si	35.6038	45.0752
Ca	20.5657	18.3520

图4-41　铁橄榄石的特征X射线能谱及成分（图4-37（d）中b点）

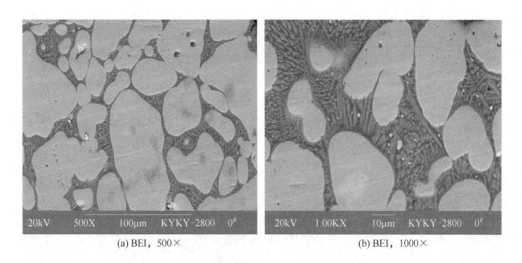

(a) BEI，500×　　　　　　　　(b) BEI，1000×

图4-42　弱还原焙烧球团矿中呈链状或瓣状的橄榄石

　　球团矿中其他脉石矿物包括硅质玻璃体和游离石英含量很少，常与橄榄石混杂交生，多呈不规则粒状零星分布在橄榄石中。

　　光学显微镜下还发现，弱还原焙烧球团矿的气孔较为发达。球团内部气孔形态不一，通常为圆形或椭圆形，部分为不规则状（见图4-36和图4-43（a）），气孔在样品中呈不均匀分布。根据Qwin分析软件对孔隙率进行计算，成品球团矿的孔隙率为18%~20%。

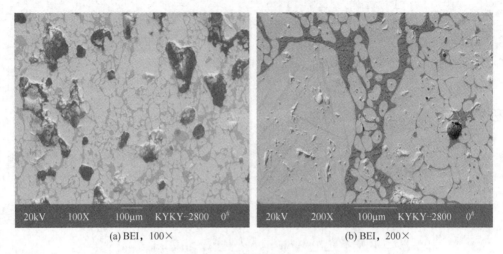

(a) BEI，100×　　　　　　　　　　(b) BEI，200×

图 4-43　弱还原焙烧球团矿 SEM 分析

4.5.2.3　主要固结形式

图 4-44 和图 4-45 分别为扩大化试验获得的 1 号和 2 号成品球团矿的微观结构照片。从图中可以看出，浮氏体是球团矿中含量最多的矿物。球团矿以浮氏体颗粒再结晶为主，大部分浮氏体与充填在颗粒之间的橄榄石紧密镶嵌，使球团矿具有较高的强度。浮氏体颗粒粒度的变化范围为 0.005~0.6mm，大部分颗粒粒度分布在0.02~0.3mm 之间。但总体来看，样品中浮氏体的粒度变化较大，粗细不均匀。此外，橄榄石是成品球团中最主要的脉石矿物，分布较为广泛。显微镜下发现，大多数橄榄石呈轮廓不明显的隐晶质晶体，部分呈花瓣状雏晶形式（见图 4-44（b））存在。

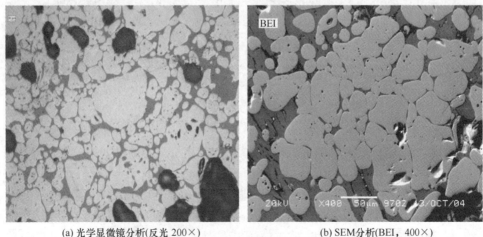

(a) 光学显微镜分析(反光 200×)　　　　(b) SEM分析(BEI，400×)

图 4-44　1 号球团矿内部显微结构照片

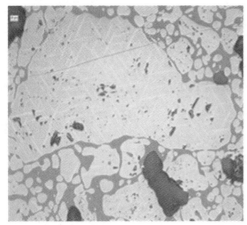 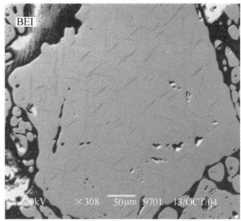

(a) 光学显微镜分析(反光 200×)　　　　　(b) SEM分析(BEI，300×)

图 4-45　2 号球团矿内部显微结构照片

综上可知，由于浮氏体是球团矿中的主要矿物相，而且橄榄石多以雏晶形式充填在浮氏体颗粒之间，可以认为弱还原焙烧球团矿的固结方式是以浮氏体颗粒再结晶固结为主。同时，结晶程度不高的橄榄石在冷却过程中结晶析出，与浮氏体颗粒紧密镶嵌，把球团矿固结起来，这种固结可称为渣相固结，从而使弱还原焙烧球团矿在冷却后具有足够强度，满足高炉入炉要求。

4.6　工业化试验

本研究团队以内蒙古黄岗含锡锌铁精矿为原料，于 2004 年和 2007 年先后两次开展了系统的实验室小型及扩大化试验研究。优化条件下，磁铁矿中锡的还原挥发效果良好，获得的成品球团矿抗压强度均高于 2200N/个，球团中残留 Sn、Zn 等元素的含量低于 0.08%，满足大中型高炉对炼铁炉料的要求。在此基础上，提出含锡锌铁精矿球团预氧化-弱还原焙烧脱锡并制备炼铁用球团新技术流程。

新工艺在国内外尚无应用先例。为确保该技术尽快实现工业应用，获取可靠的建厂设计数据，于 2008~2009 年在内蒙古林西县锡冶炼厂开展了工业化试验。工业试验用含锡铁精矿全部由内蒙古黄岗矿业公司提供，其中除了 Sn 含量超标以外，还含有一定量的 Zn 和 As，需要在工业化试验中一并考虑脱除效果。

4.6.1　工艺流程

工业试验的原则工艺流程如图 4-46 所示。

主要试验步骤为：首先将含锡锌砷铁精矿与膨润土按一定比例配料后混匀，混匀精矿经下料斗进入圆盘造球机造球，生球经皮带输送机送至辊筛，经筛分后直径为 10~16mm 的生球作为合格生球；合格生球装入箅式罐，并依次进行干燥、

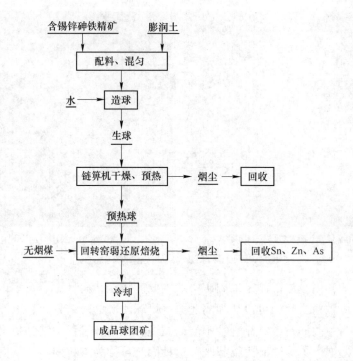

图 4-46　工业试验原则工艺流程图

预热氧化，定期取部分预热球团进行强度和化学成分检测；再将预热球团装入吊罐，经吊车输送至回转窑尾部上方储料仓，经圆盘给料机均匀加入回转窑，无烟煤经螺旋给料器从尾部加入回转窑中，料球在回转窑内按照设定的操作制度进行弱还原焙烧；焙烧球团从窑头卸入冷却筒，冷却至100℃以下后排出；最后对成品球团和残煤进行分离，定期取部分成品球进行强度和化学成分检测。

4.6.2　试验结果与分析

4.6.2.1　试验原料

　　试验用低锡精矿、高锡精矿、膨润土的主要化学成分见表 4-11 和表 4-12，两种铁精矿的粒度均为−200 目含量大于 85%，膨润土的粒度为−200 目大于96%。试验用无烟煤的工业分析结果见表 4-13 所示，其粒度组成为 3~20mm。

表 4-11　含锡锌砷铁精矿主要化学成分　　　　　　　　（%）

矿　种	TFe	Sn	As	Zn	S
低锡精矿	63. 78	0. 19	0. 20	0. 15	0. 14
高锡精矿	62. 24	0. 37	0. 46	0. 23	0. 29

表 4-12　膨润土主要化学成分　　　　　（%）

TFe	SiO$_2$	Al$_2$O$_3$	CaO	MgO	Na$_2$O	MnO	K$_2$O
2.54	57.33	14.49	5.10	2.83	2.20	0.085	0.76

表 4-13　无烟煤的工业分析　　　　　（%）

固定碳含量	挥发分	灰分	焦渣特性
80.78	10.36	8.86	1

4.6.2.2　工业试验主体设备

工业试验主体设备实物图如图 4-47 所示。

铁精矿造球采用圆盘造球机（直径 1000mm，边高 200mm，转速、倾角可调），配套有操作台、下料斗、加水装置、刮料板、皮带输送机及圆辊筛分机。

生球团的干燥及预热在模拟链箅机（箅式罐）上进行，主要由抽风干燥和抽风预热系统组成。箅式罐尺寸为 ϕ800mm×300mm，共 4 个。

预热球团的弱还原焙烧在回转窑中进行，回转窑系统主要包括：窑头加热装置、筒体、回转窑传动系统、测温系统、窑尾下料系统等。回转窑尺寸：ϕ900mm×12000mm，窑体倾斜度 2.5°，窑内温度最高可达 1250℃，窑体转速可调。沿窑身长度方向布置有 4 台二次鼓风机，窑内温度可根据窑体上安装的鼓风机和窑头柴油燃烧的风油比大小进行调节。回转窑配套设置有收尘系统，包括：重力沉降室、表面冷却器、旋风除尘器、布袋除尘及大烟囱。

弱还原焙烧球团在密封冷却筒中进行，冷却系统包括：冷却筒体（ϕ600mm×9000mm，筒体倾斜度为 3°，转速 1.25min/转）、筒体传动装置、外部喷水冷却装置等。

4.6.2.3　主体设备热负荷调优试验

完成现场主体设备冷负荷试车后，重点对箅式罐和回转窑进行了热负荷调试，主要包括：球团预热参数和预氧化球团弱还原焙烧参数调优。

A　球团预热过程优化

a　预热温度的影响

首先固定预热时间 15min，当预热温度分别控制为 810~830℃、850~870℃、890~910℃，考查预热温度对预热球质量的影响，主要试验结果见表 4-14。

(a) 铁精矿造球系统

(b) 箅式罐干燥及预热系统

(c) 回转窑焙烧系统

(d) 冷却系统

(e) 回转窑尾部收尘系统

彩色原图

图 4-47　工业化试验现场主体设备实物图

表 4-14　预热温度对预热球质量指标的影响

预热温度/℃	抗压强度/N·个⁻¹	AC 转鼓指数（-5mm）/%	FeO 含量/%
810~830	466	2.96	4.64
850~870	720	2.02	3.20
890~910	965	1.55	2.11

从表 4-14 中数据可以看出，当预热温度提高时，预热球团强度得到改善，FeO 含量逐渐降低，表明球团中 FeO 被氧化的程度增强。当预热温度为 850~

910℃时，预热球团的抗压强度大于 700N/个，AC 转鼓指数小于 2.1%，FeO 含量低于 3.20%。因此，预热温度可控制为 850~910℃。

b　预热时间的影响

固定预热温度 850~870℃，考查预热时间对预热球质量的影响，主要试验结果见表 4-15。

表 4-15　预热时间对预热球质量指标的影响

预热时间/min	抗压强度/N·个⁻¹	AC 转鼓指数（-5mm）/%	FeO 含量/%
12	705	2.56	3.68
15	720	2.02	3.20
20	780	2.12	3.05

由表 4-15 可见，当预热时间为 12min 时，预热球团的抗压强度大于 700N/个，AC 转鼓指数小于 3%，FeO 含量小于 3.7%。继续延长预热时间，预热球质量指标改善不大。

图 4-48 为预热过程中测定的箅式罐上、下真空室烟气温度随时间的变化曲线。由图可见，当预热时间延长到 12min 以后，箅式罐下真空室烟气温度提高幅度不大，这表明，预热过程已经完成。综合表 4-15 中数据，在预热温度为 850~870℃的条件下，适宜预热时间为 12min。

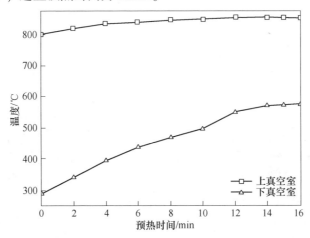

图 4-48　箅式罐上、下真空室烟气温度随预热时间的变化曲线

c　预热过程球团中 Sn、As、Zn 含量变化

重点分析干球和预热球中 Sn、As、Zn 的含量，结果见表 4-16。从中可以看出：在球团预热前后，干球和预热球中 Sn 和 Zn 的含量变化不明显，表明在预热氧化过程中不存在 Sn 和 Zn 的挥发脱除（预热球中 Sn 和 Zn 含量比干球的略低，

主要是因为球团氧化增重造成)。对 As 而言,预热球中 As 的含量明显比干球中的要低,主要是因为在预氧化过程中有部分 As 挥发脱除,经计算,As 的脱除率为 25.2%。

表 4-16 预氧化前后球团中的 Sn、As、Zn 百分含量对比

百分含量/%	Sn	As	Zn
干燥球	0.36	0.45	0.22
预热球	0.35	0.34	0.21

工业化试验进一步证实了前期实验室试验的可靠性,在球团预热阶段有部分 As 的挥发脱除。因而,在工业生产预热阶段必须设置 As 的回收装置。

B 预氧化球团弱还原焙烧过程优化

所有弱还原焙烧调优试验在工业回转窑中进行,重点考查了回转窑高温区的焙烧温度、还原剂加入量、回转窑转速等因素对成品球团质量的影响。

a 焙烧温度的影响

通过调节窑头供热的风油比,同时控制窑身二次风机鼓入的风量大小来调控窑内焙烧温度的高低。首先固定回转窑转速 2.8 ~ 3.0min/转,还原剂加入量 12% ~ 15%,考查不同焙烧温度对成品球团质量的影响,主要结果见表 4-17。

表 4-17 焙烧温度对焙烧球团质量指标的影响

焙烧温度/℃	抗压强度/N·个⁻¹	ISO 转鼓指数/%	耐磨指数/%	残余元素含量/%		
				Sn	As	Zn
1020~1030	1830	—	—	0.092	0.050	0.086
1060~1080	2290	96.65	1.87	0.072	0.045	0.052
1090~1100	2420	97.06	1.44	0.075	0.032	0.043
1120~1130	1625	—	—	0.121	0.105	0.040

从表 4-17 可以看出:当还原温度在 1060 ~ 1100℃ 范围内变化时,球团矿抗压强度大于 2200N/个,ISO 转鼓指数大于 96%,耐磨指数小于 2%,同时球团中 Sn、As、Zn 元素的残留量均小于 0.08%,满足高炉冶炼用优质球团矿的要求。

但试验过程中发现,焙烧温度高于 1090℃ 时,成品球团表面有轻微熔融现象。连续生产试验后期,把回转窑高温区的温度升高到 1120 ~ 1130℃ 时,回转窑内壁出现"挂窑"现象,焙烧球团的表面熔融现象更明显,相互之间发生黏结。不同焙烧温度下获得的成品球团矿实物图如图 4-49 所示。

工业试验进一步证实,回转窑内的最高焙烧温度控制不应高于 1100℃,适宜温度范围为 1060 ~ 1080℃。

(a) 焙烧温度1060~1080℃

(b) 焙烧温度1090~1100℃

(c) 焙烧温度1120~1130℃

图 4-49　不同焙烧温度下获得的成品球团矿外观照片

b　外配无烟煤用量的影响

工业化试验现场无烟煤的加入通过螺旋给料机连续加入，其加入量的变化范围为 6%~25%（即无烟煤占加入预热球团质量百分比）。控制回转窑转速为 2.8~3.0min/转，回转窑高温区的温度控制为 1060~1080℃，考查不同无烟煤加入量对成品球团质量的影响，主要结果见表 4-18。

表 4-18　无烟煤用量对焙烧球团质量指标的影响

无烟煤加入量/%	抗压强度/N·个⁻¹	ISO 转鼓指数/%	耐磨指数/%	残余元素含量/%		
				Sn	As	Zn
6~8	2050	—	—	0.115	0.050	0.110
12~15	2290	96.65	1.87	0.072	0.045	0.052
20~25	1780	—	—	0.130	0.064	0.031

从表 4-18 可以看出：当无烟煤加入量小于 8% 时，虽然球团矿抗压强度大于 2000N/个，但球团内残余 Sn 和 Zn 含量大于 0.1%，未达到工业试验目的；当无烟煤用量提高到 20% 以上时，Zn 的脱除效果较好，但成品球团矿的抗压强度低于 2000N/个，残余 Sn 的含量大于 0.1%，也不能满足工业试验要求。而且试验过程中发现，无烟煤用量高于 20% 时获得的成品球团矿具有强磁性，球团测定抗压强度时具有明显的塑性变形；而无烟煤用量为 12%~15% 时，成品球团矿几乎无磁性或弱磁性，球团测定抗压强度时表现为脆性破裂，如图 4-50 所示。

(a) 无烟煤用量为12%~15%(脆性破裂)　　　　(b) 无烟煤用量为20%~25%(塑性开裂)

图 4-50　不同无烟煤用量条件下获得的成品球团矿压裂情况

对无烟煤用量为 12%~15% 和 20%~25% 条件下获得的成品球团矿进行 TFe、FeO 和 MFe 的分析，结果见表 4-19。从表中数据可以看出，无烟煤用量较高时，球团中含有较多的金属铁。

结合工业化试验结果，建议工业生产中无烟煤用量按 12%~15% 控制。

表 4-19　不同无烟煤用量对球团矿还原效果的影响比较

无烟煤加入量/%	TFe/%	FeO/%	MFe/%	试验现象
12~15	65.15	63.12	2.40	球团呈脆性断裂，弱磁性或无磁性
20~25	79.31	41.55	34.90	球团半金属化，呈塑性断裂，磁性强

c　回转窑转速的影响

回转窑的转速与球团在窑内停留的时间有直接关系。在一定充填率条件下，回转窑转速越大，球团在窑内停留的总时间就越短，反之则越长。如果窑体转速较快，则球团在高温区保持的时间相对越短，那么球团中物相发生高温固结的时间就短，导致球团强度较低，而且挥发物在适宜温度区间保留的时间也得不到保证，制备的成品球团矿就可能满足不了试验要求。如果时间较长，虽然对球团矿强度和杂质元素的脱除有利，但会导致工业上生产率较低。因而，连续生产过程中对回转窑的转速进行了优化，并考查了不同转速条件下成品球团矿的质量指标，主要结果见表 4-20。固定其他试验条件为：回转窑高温区的温度控制为 1060~1080℃，还原剂加入量 12%~15%。

表 4-20 回转窑转速对球团矿还原效果的影响

回转窑转速/min·转$^{-1}$	抗压强度/N·个$^{-1}$	残余元素含量/%		
		Sn	As	Zn
2.0~2.4	1810	0.107	0.046	0.096
2.8~3.0	2290	0.072	0.045	0.052
3.2~3.4	2375	0.070	0.042	0.038

注：当窑体转速为 2.8~3.0min/转时，测定球团在窑内的停留时间约为 5h；窑体转速为 2.0~2.4min/转时，测定球团在窑内的停留时间约为 3.5h。

从表 4-20 可以看出，当回转窑转速控制为 2.0~2.4min/转，球团矿强度小于 2000N/个，焙烧球团中残余 Sn 和 Zn 的含量也不能满足要求；当回转窑转速降低到 2.8~3.0min/转时，球团矿强度和 Sn、As、Zn 的挥发效果都得到改善；回转窑转速继续降低时，各项指标继续得到改善，但回转窑转速慢将会使产量降低。综合考虑，工业回转窑转速建议控制为 2.8~3.0min/转。

d 回转窑焙烧过程球团中 Sn、As、Zn 的行为

在无烟煤用量 12%~15%、回转窑高温区焙烧温度 1060~1080℃、回转窑转速 2.8~3.0min/转的优化条件下，考查成品球团矿中 Sn、As、Zn 在弱还原焙烧过程中的挥发行为。测定干球、预热球团和焙烧球团中 Sn、As、Zn 的含量，并计算出 Sn、As、Zn 的挥发率，主要结果见表 4-21。

表 4-21 不同阶段球团中 Sn、As、Zn 的含量及挥发情况

项 目	百分含量/%			挥发率/%		
	Sn	As	Zn	Sn	As	Zn
干燥球	0.245	0.340	0.172	—	—	—
预热球	0.240	0.255	0.170		23.5	
焙烧球	0.072	0.045	0.052	72.4	89.8	74.6

从表 4-21 可以看出：在球团预热前后，干球和预热球团中 Sn 和 Zn 的含量几乎没有变化，预热球中 Sn 和 Zn 含量比干球略低是因为球团氧化增重造成的。

对 As 而言，预热球中 As 的含量明显比干球中要低，因为在预氧化过程中有部分 As 挥发脱除，粗略计算出预热阶段 As 挥发率为 23.5%。

对弱还原焙烧球团，其中残余 Sn、As 和 Zn 含量均低于 0.08%，尤其是 As 的挥发效果明显。整体而言，采用本工艺，球团中 Sn、As 和 Zn 挥发率分别达到 72.4%、89.8% 和 74.6%。

本次试验结果进一步说明，球团在回转窑的弱还原焙烧过程中，大部分的 Sn、As 和 Zn 得到了有效挥发，成品球团矿中杂质元素含量满足高炉要求。

4.6.2.4 全流程连续化生产

在对干燥及预热系统、回转窑焙烧系统、冷却系统、除尘系统等进行冷、热负荷调试优化基础上，开展了全流程连续生产试验，整个联动试验持续了 7 天。主要任务是在固定各工艺环节试验条件基础上，保持全流程主体设备连续运转，并获得质量稳定的成品球团矿；重点考查了回转窑高温区的焙烧温度控制在 1060~1080℃ 范围内，窑内球团运行状况（是否"结窑"），测试了成品球团矿主要质量指标，并对连续化稳定生产阶段的烟尘和烟气的主要成分进行了检测。

连续稳定生产试验期间获得的成品球团矿主要质量指标见表 4-22。从表 4-22 可以看出：当混合精矿的 Sn 含量小于 0.26% 时，成品球团中残余 Sn 含量基本满足高炉炼铁用球团矿的要求（小于 0.08%）；而 As 和 Zn 含量分别为 0.37% 和 0.20% 时，成品球团矿残余 As 和 Zn 的含量也满足要求。

4.6.2.5 成品球团矿主要性能

对全流程连续生产稳定试验期所获得的成品球团主要化学成分和强度指标进行检测，主要结果见表 4-23 和表 4-24。从表 4-23 可以看出：全流程连续生产的稳定试验期所获得的成品球团矿 TFe 达到了 65% 以上，Sn、As 和 Zn 含量均低于 0.08%；表 4-24 中数据同时表明，成品球团矿的抗压强度和 ISO 转鼓强度高，耐磨指数低，完全满足大中型高炉对炼铁炉料的要求。

4.6.3 含锡砷锌烟尘回收

全流程连续生产试验过程中发现，各种除尘灰以回转窑布袋除尘灰占大多数（全流程连续生产期间产生的量为 640kg 左右），其次是回转窑旋风除尘灰（全流程连续生产过程产生的量为 220kg 左右），而回转窑表冷尘和沉降室收取的烟尘量很少（整个生产过程产生的表冷尘和沉降室烟尘均只有 20kg 左右）。因此，重点分析布袋除尘灰、旋风除尘灰和表冷尘的主要成分，结果分别见表 4-25、表 4-26 和表 4-27 中。

表 4-22　连续稳定试验期获得的主要试验结果

日期	混合精矿			生球团主要指标					预热球团主要指标						焙烧球团主要指标			
	Sn /%	As /%	Zn /%	落下强度 /次·(0.5m)^{-1}	水分 /%	Sn /%	As /%	Zn /%	抗压强度 /N·个^{-1}	AC转数指数 /%	FeO /%	Sn /%	As /%	Zn /%	抗压强度 /N·个^{-1}	Sn /%	As /%	Zn /%
12月15日白班	0.286	0.37	0.20	5.0	8.44	0.280	0.36	0.19	780	2.88	3.10	0.280	0.27	0.185	—	—	—	—
12月15日晚班	0.254	0.34	0.17	4.8	8.56	0.248	0.34	0.18	824	3.10	3.52	0.248	0.26	0.174	2160	0.116	0.078	0.072
12月16日白班	0.246	0.35	0.17	5.1	8.38	0.240	0.35	0.17	854	2.64	3.04	0.240	0.24	0.172	2235	0.075	0.057	0.068
12月16日晚班	0.259	0.34	0.18	4.9	8.40	0.254	0.34	0.18	796	2.95	2.96	0.250	0.25	0.170	2210	0.072	0.054	0.050
12月17日白班	0.267	0.36	0.18	4.7	8.45	0.262	0.36	0.17	810	2.74	3.12	0.261	0.26	0.178	2274	0.079	0.060	0.052

注：1. 回转窑于15日上午9:30左右开始投料，当日下午7点成品球团矿开始取样检测（试验过程测定，从回转窑投料到冷却筒出成品球的时间约为7h）；

　　2. 白班时间：上午8点到晚8点，晚班时间晚8点到第二天早上8点；

　　3. 混合精矿成分：每班取样测定两次，生球和预热球指标每4h取样测定，焙烧球每2h取样测定（表中所列出的数据为该班测定结果的平均值）；

　　4. 混合精矿中Sn的含量在部分时间段超过0.25%，尤其是2月15日白班使用的混合精矿中Sn的含量达到0.286%，导致成品球团中Sn含量超标，对于连续稳定试验期获得的成品球团中残余的As和Zn含量而言，均低于0.08%，基本满足生产要求。

表 4-23　成品球团矿主要化学成分　　　　　（%）

TFe	FeO	MFe	SiO$_2$	Al$_2$O$_3$	CaO	MgO	Sn	Zn	As	S	P
65.15	63.12	2.4	8.54	3.07	4.05	0.53	0.075	0.068	0.057	0.078	0.032

表 4-24　成品球团矿强度分析结果

抗压强度/N·个$^{-1}$	ISO 转鼓指数/%	耐磨指数/%
2280	96.12	1.91

表 4-25　布袋除尘灰的主要成分分析结果

取样时间	TFe/%	Sn/%	As/%	Zn/%
12 月 15 日 (9：32)	3.08	1.11	34.22	2.12
12 月 16 日 (15：32)	2.86	4.33	32.74	4.08
12 月 17 日 (17：15)	5.01	3.04	26.48	3.62
12 月 18 日 (9：08)	1.14	3.80	25.43	4.52
12 月 19 日 (14：20)	3.88	4.25	27.56	3.86

表 4-26　旋风除尘灰的主要成分分析结果

取样时间	TFe/%	Sn/%	As/%	Zn/%
12 月 17 日 (9：10)	5.22	0.55	6.75	1.46
12 月 17 日 (17：15)	6.21	0.69	6.83	1.12
12 月 19 日 (14：10)	5.78	0.75	6.45	1.32

表 4-27　表冷尘的主要成分分析结果

取样时间	TFe/%	Sn/%	As/%	Zn/%
12 月 13 日 (15：30)	4.53	0.40	61.08	0.17
12 月 19 日 (14：20)	5.20	0.64	64.20	1.08

从表 4-25～表 4-27 可以看出：3 种烟尘中的 Sn、As 和 Zn 含量都较高，相比较而言，表冷尘和布袋尘中的 As 含量更高，同时还可以看出，布袋尘中还含有更多的 Sn 和 Zn，说明杂质元素大部分集中在布袋除尘器中。工业生产中，可以考虑将 3 种烟尘混合后，再采用湿法-火法联合工艺进行梯级分离回收。

4.6.4　新工艺与其他工艺的比较

研究开发的含锡锌铁精矿球团预氧化—回转窑弱还原焙烧工艺（简称新工艺）与传统的铁矿球团链箅机预氧化—回转窑氧化焙烧球团工艺、铁矿球团

"一步法"直接还原焙烧工艺的比较见表4-28。

表4-28 弱还原焙烧与氧化焙烧、强还原焙烧（直接还原）工艺的比较

对比项目	新工艺	氧化焙烧（链箅机—回转窑）	"一步法"直接还原
还原剂种类	无烟煤或焦炭	—	褐煤或烟煤
球团焙烧温度	1050~1080℃	1250~1300℃	1050~1100℃
焙烧气氛	弱还原气氛	氧化气氛	强还原气氛
球团在窑内停留时间	180min 左右	30min 左右	300min 以上
高温焙烧时间	30~40min	12min 左右	100~120min
生产规模	大	大	小
球团固结形式	FeO 再结晶	Fe_2O_3 再结晶	金属铁互连
球团冶金性能	无低温还原粉化，软化区间较宽	无低温还原粉化，软化区间较窄	—
产品定位	弱还原球团	氧化球团	金属化球团
产品用途	高炉炼铁	高炉炼铁	电炉炼钢

参 考 文 献

［1］ 苏子键. CO-CO₂ 气氛下锡石与铁、钙、硅氧化物的反应机制及应用研究 ［D］. 长沙：中南大学, 2017.

［2］ 苏子键. 含锡铁矿还原焙烧脱锡的行为研究 ［D］. 长沙：中南大学, 2014.

［3］ Su Z J, Zhang Y B, Liu B B, et al. Reduction behavior of SnO_2 in the tin-bearing iron concentrates under CO-CO₂ atmosphere. Part I：Effect of magnetite ［J］. Powder Technology, 2016, 292：251-259.

［4］ Su Z J, Zhang Y B, Liu B B, et al. Effect of $CaCO_3$ on the gaseous reduction of tin oxide under CO-CO₂ atmosphere ［J］. Mineral Processing and Extractive Metallurgy Review, 2016, 37 (3)：179-186.

［5］ Zhang Y B, Su Z J, Liu B B, et al. Reduction behavior of SnO_2 in the tin-bearing iron concentrates under CO-CO₂ atmosphere. Part II：Effect of quartz ［J］. Powder Technology, 2016, 291：337-343.

［6］ Zhang Y B, Su Z J, Zhou Y L, et al. Reduction kinetics of SnO_2 and ZnO in the tin, zinc-bearing iron ore pellet under a 20% CO-80% CO₂ atmosphere ［J］. International Journal of Mineral Processing, 2013, 124：15-19.

［7］ Zhang Y B, Li G H, Jiang T, et al. Reduction behavior of tin-bearing iron concentrate pellets using diverse coals as reducers ［J］. International Journal of Mineral Processing, 2012, 110：109-116.

［8］ Zhang Y B, Jiang T, Li G H, et al. Tin and zinc separation from tin, zinc bearing complex iron ores by selective reduction process [J]. Ironmaking and Steelmaking, 2011, 38 (5): 613-619.

[9] 贾志鹏. 含锡锌砷铁精矿球团金属化还原与同步分离锡锌砷的研究 [D]. 长沙: 中南大学, 2012.

[10] 李光辉, 贾志鹏, 张元波, 等. 含锡铁精矿 CO 还原分离锡铁的行为研究 [J]. 矿冶工程, 2012, 32 (4): 83-86.

[11] 姜涛, 黄艳芳, 张元波, 等. 含砷铁精矿球团预氧化-弱还原焙烧过程中砷的挥发行为 [J]. 中南大学学报 (自然科学版), 2010 (1): 1-7.

[12] 韩桂洪, 张元波, 姜涛, 等. 含锡锌铁精矿链箅机—回转窑法制备炼铁用球团矿的研究 [J]. 钢铁, 2009, 6 (44): 8-13.

5 选锡尾矿活化焙烧-磁选分离锡铁新技术

5.1 引言

我国锡铁复合尾矿资源储量巨大，其中锡的含量 0.1wt.% ~ 0.5wt.%，铁的含量 10wt.% ~ 30wt.%，潜在极高综合利用价值。第 2 章研究结果表明，锡铁复合尾矿的矿物组成复杂，尤其是硅、钙等脉石组分含量高，其中锡主要以微细粒级锡石和锡铁尖晶石形式存在，并与铁氧化矿物和脉石矿物组分嵌布关系紧密，因而采用传统的选冶回收技术难以高效分离回收其中的锡铁组分。

结合第 3 章研究可知，高温下气相 SnO 易与硅、钙、铁氧化物发生反应，因此，仅通过控制焙烧温度和弱还原气氛使锡铁复合尾矿中的锡以 SnO 形式还原挥发，很难实现尾矿中锡铁组分的高效分离，前期研究也证实了这一点。然而，通过协同调控焙烧温度与焙烧气氛（即热力场）和 CaO 含量（即化学能），即采用热化学活化焙烧方法，可将尾矿中的含锡矿物（包括锡石和锡铁尖晶石中的锡）定向转化为非磁性的锡酸钙，同时将铁氧化矿物稳定在磁铁矿阶段，为后续采用磨矿、磁选等物理方法分离回收含锡、铁矿物提供物质基础。

本章主要介绍国内典型褐铁矿型含锡尾矿和磁铁矿型含锡尾矿活化焙烧-磁选分离回收锡铁新技术。

5.2 褐铁矿型含锡尾矿磁化焙烧-磁选分离锡铁

本节首先以褐铁矿型含锡尾矿为原料（2.2 节中个旧地区含锡尾矿），开展磁化焙烧-磁选工艺研究，试验流程如图 5-1 所示。主要包括造球、干燥、磁化焙烧、磁选等。首先，将含锡尾矿与质量分数 0.5% 的膨润土及适量水均匀混合，然后在直径 1000mm 的圆盘造球机上造球，时间 12min，取直径 8 ~ 10mm 的生球在 105℃ 烘箱中干燥 8h 后取出备用。将干球装入瓷舟后，置入已设定好温度的卧式管炉中进行焙烧，试验完成后，将焙烧球团冷却、破碎、湿式球磨，然后采用磁选管进行磁选分离，最后对获得的铁精矿和富锡物料进行化验分析[1~5]。

主要考查指标有：铁精矿的铁品位和回收率、含锡物料的锡品位和回收率，铁精矿中残留锡的含量。

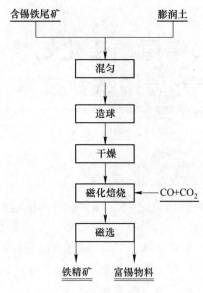

图 5-1　试验流程图

（1）铁的回收率计算公式为：

$$\varepsilon_{Fe} = \frac{m_1 Fe_1}{m_2 Fe_2} \times 100\%　\qquad (5-1)$$

式中，m_1，m_2 分别为铁精矿、焙烧矿质量，g；Fe_1，Fe_2 分别为铁精矿、焙烧矿铁品位，%；ε_{Fe} 为铁的回收率。

（2）锡的回收率计算公式为：

$$\varepsilon_{Sn} = \frac{m_3 Sn_1}{m_2 Sn_2} \times 100\%　\qquad (5-2)$$

式中，m_3，m_2 分别为含锡物料、焙烧矿质量，g；Sn_1，Sn_2 富锡物料、焙烧矿锡品位%；ε_{Sn} 为锡的回收率。

5.2.1　磁化焙烧-磁选工艺过程优化

5.2.1.1　焙烧过程优化

首先研究了焙烧温度、焙烧时间和 CO 浓度对锡铁回收指标的影响，同时考查了焙烧参数对铁矿物磁性变化的影响。固定磁选条件为：入选的粒度为 90% 小于 45μm，磁选强度为 800Gs。

A　焙烧温度的影响

在焙烧时间为 60min、CO 浓度为 5% 的条件下，研究了焙烧温度对锡铁分离效果的影响，主要考查了铁精矿中铁的回收指标以及尾矿中锡的回收指标，获得的试验结果如图 5-2 和图 5-3 所示。

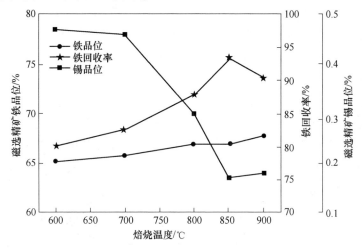

图 5-2 焙烧温度对铁回收指标的影响

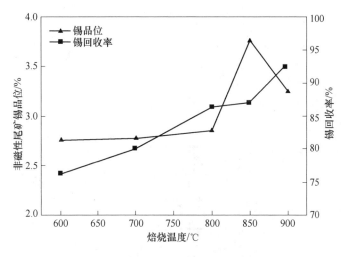

图 5-3 焙烧温度对锡回收指标的影响

由图 5-2 可知，焙烧温度对铁精矿中铁的品位及铁的回收率具有较大影响。当焙烧温度从 600℃ 增加到 850℃ 时，铁的回收率从 82% 增加到 93%，铁的品位从 65% 增加到 67%，此时铁精矿中锡的含量由 0.46% 下降到 0.17%；但当温度高于 850℃ 时，铁回收率开始缓慢下降。由图 5-3 可以看出，当焙烧温度从 600℃ 提高到 800℃ 时，富锡物料中锡的品位变化较小；但当温度为 850℃ 时，锡的品位有较大提高，从 2.75% 增加到 3.75%；当温度超过 850℃ 时，锡的品位又开始下降。在试验温度范围内，锡的回收率一直呈上升趋势，从 77% 增加到 87%。这是因为，在温度较低时，尾矿中的碳酸钙无法分解成氧化钙，被包裹的细粒级锡石无法与氧化钙反应生成锡酸钙，导致后续磁选过程中锡铁矿物难以分离，铁精矿中锡含量超标；但当温度超过 850℃ 时，锡石易与磁铁矿反应生成锡铁尖晶石，也导致后续磨选过程的锡铁组分无法分离。由上述分析结果可知，优选焙烧温度为 850℃。

B　气相中 CO 浓度的影响

在焙烧温度为 850℃，焙烧时间 60min 条件下，研究了 CO 浓度对锡铁分离效果的影响，主要考查了铁精矿中铁的回收指标以及尾矿中锡的回收指标，获得的试验结果如图 5-4 和图 5-5 所示。

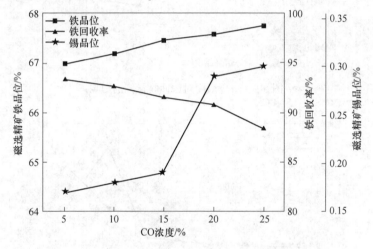

图 5-4　CO 浓度对铁回收指标的影响

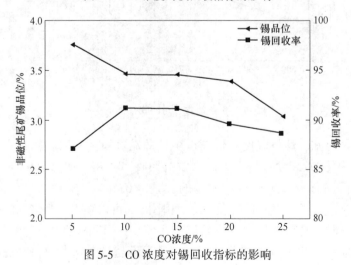

图 5-5　CO 浓度对锡回收指标的影响

从图中可以看出，CO 浓度同样对铁的回收指标和锡的回收指标有较大影响。

当 CO 浓度从 5%提高到 25%时，铁的品位从 66.8%增加到 67.8%，而铁的回收率从 93%降低到 87.5%，而铁精矿中锡的含量从 0.17%升高到 0.30%。富锡物料中锡的品位逐渐从 3.75 降到 3.0%，而锡回收率则先增加后缓慢下降。由上述结果可知，在 CO 浓度为 5%时，针铁矿的磁化反应比较完全，随着 CO 浓度进一步增加，磁铁矿由于过还原为 FeO 而磁性降低，导致铁的回收率也下降。

C　焙烧时间的影响

在焙烧温度为 850℃、CO 浓度为 5%条件下，研究了焙烧时间对锡铁分离效果的影响，主要考查了铁精矿中铁的回收指标以及尾矿中锡的回收指标，获得的试验结果如图 5-6 和图 5-7 所示。

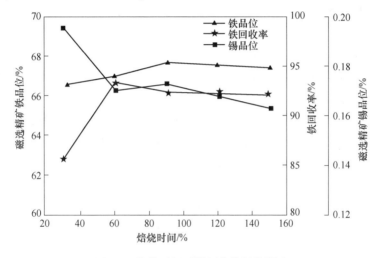

图 5-6　焙烧时间对铁回收指标的影响

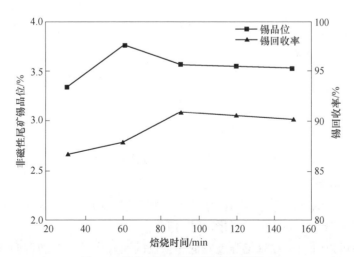

图 5-7　焙烧时间对锡回收指标的影响

从图中可以看出，当焙烧时间少于60min时，随着时间的延长，铁的品位和回收率均不断增加，同时含锡物料中锡的品位和回收率也不断增加。当焙烧时间从30min延长到60min时，其中铁的回收率从85%增加到93%，而锡的品位从3.3%增加到3.75%。当焙烧时间继续延长时，锡、铁的回收指标几乎保持不变。

5.2.1.2 磁选过程优化

主要考查磁选样品粒度和磁场强度对锡铁回收指标的影响。固定焙烧过程参数为：焙烧温度850℃，CO浓度5%，焙烧时间60min。

A 磁选粒度

在磁场强度为800Gs条件下，研究了磁选粒度对锡铁回收指标的影响，获得的试验结果如图5-8和图5-9所示。

从图中可以看出，磁选粒度大小对锡铁回收的指标有较大影响。当样品粒度从60%小于45μm增加到90%小于45μm时，铁的品位和铁的回收率及锡的品位、锡的回收率均迅速增加。而当样品中−45μm粒级超过90%时，铁的回收率和富锡物料中锡的品位开始缓慢下降。由此可知，磁选样品粒度太细，会导致细粒级铁矿颗粒不能回收而影响锡铁分离效果。

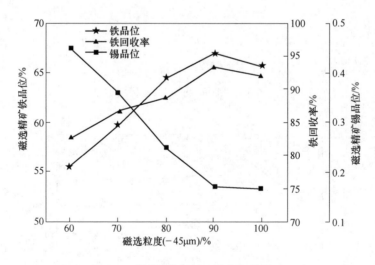

图5-8 磁选粒度对铁回收指标的影响

B 磁场强度

在磁选粒度为90%小于45μm条件下，研究了磁场强度对锡铁回收指标的影响，获得的试验结果如图5-10和图5-11所示。

从图中可以看出，在磁场强度较低时，铁的回收率较低，随着磁场强度的增

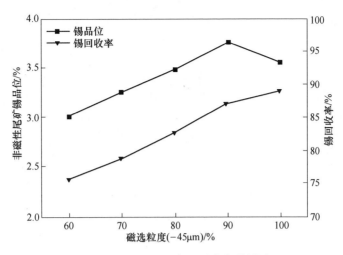

图 5-9 磁选粒度对锡回收指标的影响

加，铁的回收率随着增加，而铁精矿的铁品位随着降低，尤其是在磁场强度超过 800Gs 时，铁精矿的铁品位迅速下降；而在富锡物料中的情况恰好相反，随着磁场强度增加，锡的回收率逐渐下降，但锡的品位逐渐增加。综合考虑，优选磁场强度为 800Gs。

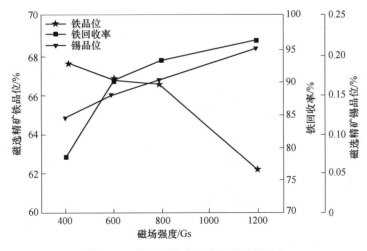

图 5-10 磁场强度对铁回收指标的影响

5.2.2 焙烧过程主要物相变化

分析尾矿样品在磁化焙烧过程中主要物相的变化，其目的是为焙烧工艺参数的选择与优化提供理论指导。重点探究了不同焙烧温度、CO 浓度和焙烧时间对焙烧样品主要物相变化的影响。

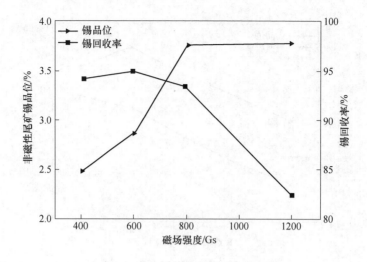

图 5-11　磁场强度对锡回收指标的影响

5.2.2.1　焙烧温度的影响

上述研究结果表明，通过协同调控焙烧温度和 CO 浓度，可以促进尾矿中锡、铁矿物在后续磨矿、磁选过程中的分离效果。比较而言，焙烧温度对锡铁分离效果的影响最为显著。为进一步研究褐铁矿型尾矿在磁化焙烧过程中的物相转变规律，将不同温度条件下的焙烧产物进行 XRD 分析，结果如图 5-12 所示。

可以看出，尾矿中的褐铁矿在较低焙烧温度下（600~700℃）即转化为磁铁矿，随着焙烧温度升高，产物中白云石的衍射峰逐渐减弱并在 700℃ 时消失，同时方解石的衍射峰不断增强，这是由于随着焙烧温度升高，白云石不断分解形成方解石；当焙烧温度达到 800℃ 时，焙烧产物中开始出现 CaO 物相，并且随焙烧温度升高 CaO 的衍射峰不断增强，说明方解石在高于 800℃ 以上的温度开始大量分解为 CaO。钙、镁等脉石矿物的分解，一方面可以破坏锡、铁矿物的嵌布关系，另一方面分解生成的游离 CaO，可以与锡石发生反应生成锡酸钙，对强化后续锡铁分离效果有利。而当焙烧温度达到 900℃ 以上时，焙烧产物中开始出现铁酸钙（$Ca_2Fe_2O_5$）的衍射峰，并且铁酸钙的衍射峰值随温度升高逐渐加强。结合前文的磁选分离效果可知，当焙烧温度过高，磁铁矿可以与 CaO 反应生成铁酸钙，新生成的铁酸钙是一种弱磁性物质，从而降低磁选铁精矿中铁的回收率。

进一步对尾矿原料及不同焙烧产物的磁性质进行分析，结果如图 5-13 所示。

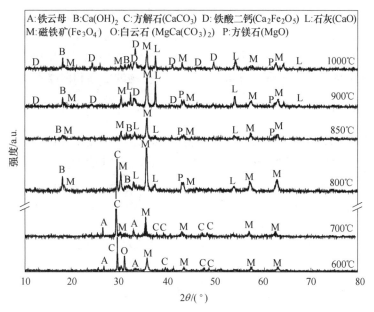

图 5-12　不同温度下焙烧产物的 XRD 图

（CO 浓度 5vol.%，焙烧时间 60min）

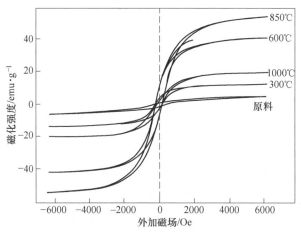

图 5-13　不同温度条件下焙烧产物的磁滞回线

（CO 浓度 5vol.%，焙烧时间 60min）

彩色原图

由图中可以看出，尾矿原料中铁矿物为弱磁性的针铁矿，其饱和磁化系数仅为 0.51emu/g，不具备常规磁选回收可能。在一定温度下磁化焙烧后，尾矿中的铁矿物开始大量转化为磁铁矿，相应的饱和磁化系数明显增强，焙烧温度为 600℃ 和 850℃ 时，焙烧产物的饱和磁化系数分别提高到 42.31emu/g 和 53.07emu/g；

当焙烧温度进一步提高到 1000℃时, 焙烧产物的饱和磁化系数值迅速降低到 18.23emu/g。结合图 5-12 的 XRD 分析可知, 当焙烧温度过高, 焙烧产物中的部分铁氧化物与 CaO 反应生成了弱磁性的铁酸钙, 因而焙烧产物中磁铁矿的含量相应减少, 磁性减弱, 这对后续分选过程铁、锡矿物的分离和回收不利。

5.2.2.2 焙烧时间的影响

进一步研究焙烧时间对焙烧样品主要物相转变和磁性能变化的影响, 不同焙烧样品的 XRD 和磁滞回线分析结果如图 5-14 和图 5-15 所示。

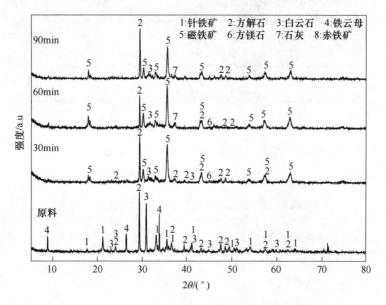

图 5-14 不同时间下焙烧产物的 XRD 图
(CO 浓度 5vol.%, 焙烧温度 850℃)

从图 5-14 中可以看出, 随着焙烧时间的延长, 焙烧产物的物相变化不明显。焙烧时间达到 30min 时, 尾矿中的大部分针铁矿已经被磁化成磁铁矿; 焙烧时间从 30min 延长到 60min 时, 磁铁矿衍射峰强度增强的同时, 也有石灰石新物相的出现; 随着焙烧时间的进一步延长, 磁铁矿的衍射峰强度开始减弱。

由图 5-15 结果可知, 当焙烧时间达到 30min 时, 焙烧产物的饱和磁化强度达到 52.35emu/g, 后随焙烧时间的延长, 焙烧产物的饱和磁化强度变化不大; 当焙烧时间从 60min 延长到 90min 时, 其饱和磁化强度几乎不变。由上述分析可知, 焙烧时间选择为 60min 时, 焙烧产物具有较高磁性, 有利于磁选分离。

5.2.2.3 CO 浓度的影响

进而研究不同 CO 浓度对焙烧产物主要物相的影响, 其 XRD 分析结果如图

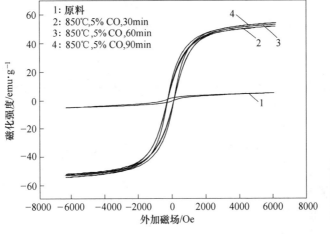

彩色原图

图 5-15 不同时间下焙烧产物的磁滞回线

5-16 所示。

　　从图 5-16 中可以看出，CO 浓度对焙烧产物主要物相转变有较大影响。当 CO 浓度为 2% 时，部分针铁矿被磁化为磁铁矿；随着 CO 浓度不断升高到 20% 时，磁铁矿的衍射峰强度逐渐增强；当 CO 浓度达到 40% 时，磁铁矿的衍射峰强度明显减弱。主要原因是在合适 CO 浓度范围内，随着 CO 浓度升高磁化效果增

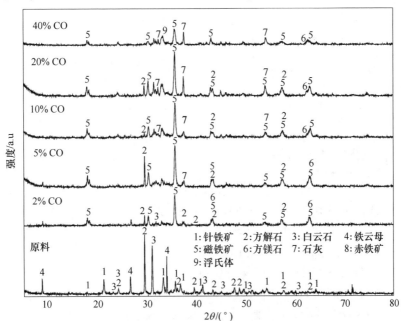

图 5-16 不同 CO 浓度下焙烧产物的 XRD 图

（焙烧温度 850℃，焙烧时间 60min）

强；但当 CO 浓度过高时，导致磁铁矿过还原为浮氏体，磁铁矿的衍射峰强度随之降低。值得注意的是，当 CO 浓度达到 10% 以上时，开始出现了石灰石的衍射峰，并随 CO 浓度升高时，石灰石的衍射峰强度不断增强，其原因是随着气相中 CO 浓度升高时，CO_2 分压不断降低，从而促进原尾矿中碳酸盐分解为 CaO。

进一步分析了不同 CO 浓度下焙烧产物的磁性变化，结果见图 5-17 所示。

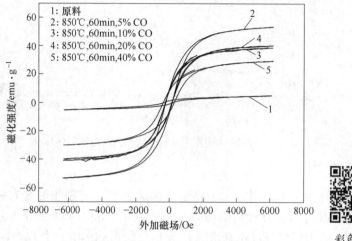

彩色原图

图 5-17   不同 CO 浓度下焙烧产物的磁滞回线

从图 5-17 可知，CO 浓度对焙烧产物的饱和磁化强度有较大影响。当 CO 的浓度达到 5% 时，焙烧样的饱和磁化强度高达 53.07emu/g。但当 CO 浓度继续升高时，其饱和磁化强度开始下降，例如 CO 浓度为 10% 和 20% 时，其对应饱和磁化强度分别为 40.55emu/g 和 38.67emu/g；当 CO 浓度达到 40% 时，其焙烧产物的饱和磁化强度降至 29.31emu/g，这是因为 CO 浓度过高时，磁铁矿过还原为浮氏体而使焙烧产物的磁性降低。

5.2.3   焙烧过程产物特性分析

在研究铁矿石流化床还原焙烧时，铁矿石的破碎解离原因分为以下 3 种[6,7]：（1）机械破坏，颗粒之间以及颗粒与反应墙壁间的摩擦与碰撞；（2）高温热应力破坏，高温时由于水分蒸发导致气孔产生而使结构应力下降，同时机械强度由于热膨胀而降低，从而使铁矿颗粒结构破坏；（3）还原过程中铁氧化矿物晶型转变带来的破坏，当铁氧化物发生晶型转变时产生结构应力，从而导致铁矿颗粒结构破坏。机械作用对铁矿石结构的破坏在相关领域已进行过详细研究，此处只分析高温膨胀和还原过程中晶型转变带来的结构破坏。磁化焙烧过程不同样品的热重变化、微观结构与晶型变化的特征主要采用 TG-DSC、SEM-EDS、BET 和晶格常数变化来表征。

在焙烧过程中存在各种物相间的转化，由于各种化合物的晶格常数和热膨胀参数不同，故在焙烧过程中会发生晶格尺寸、微观应力以及热膨胀参数的变化，而这些变化必然会导致颗粒微观结构的变化。通过理论计算，有助于进一步理解铁矿颗粒发生破坏的原因。

从表5-1各纯矿物的晶格常数和晶胞体积数据可以看出，当从褐铁矿转化成磁铁矿时，其晶胞体积有较大变化，从 $0.3218nm^3$ 增加到 $0.592.5nm^3$。同时碳酸钙、碳酸镁分解成氧化钙、氧化镁时，其晶胞体积也变化较大，分别从 $0.3678nm^3$、$0.1113nm^3$ 降低到 $0.279.3nm^3$、$0.0747nm^3$。从理论分析可知，在磁化焙烧过程中，铁氧化物、碳酸盐等矿物发生物相转变时伴随着晶格常数变化，导致晶胞体积变化而使颗粒结构破坏。

表 5-1 纯氧化矿物的晶格参数[3]

矿物名称	化学式	晶格常数/nm			晶胞体积/nm³
		a	b	c	
赤铁矿	Fe_2O_3	0.5112	0.5112	1.382	0.3128
磁铁矿	Fe_3O_4	0.8399	0.8399	0.8399	0.5925
浮氏体	FeO	0.4332	0.4332	0.4332	0.0813
方解石	$CaCO_3$	0.4989	0.4989	1.7062	0.3678
石灰	CaO	0.4811	0.4811	0.4811	0.1113
菱镁矿	$MgCO_3$	0.4634	0.4634	1.5018	0.2793
方镁石	MgO	0.4211	0.4211	0.4211	0.0747

图5-18为含锡尾矿原料的TG-DSC分析结果。从图中可以看出，在309℃左右有一个较强吸热峰，这是由于褐铁矿发生脱羟基反应转换成赤铁矿吸热导致的，同时伴随着7.52%的质量损失。当温度到达750℃左右时，出现了第二个吸热峰，其原因是白云石分解吸热引起的，结合XRD分析结果可知，在750℃左右白云石分解形成 $MgCO_3$ 与 $CaCO_3$，同时 $MgCO_3$ 分解，存在一定吸热效应。随着温度升高到850℃，出现了一个较小的吸热峰，其原因是白云石中的 $CaCO_3$ 和方解石的分解所引起的。由于白云石中的 $CaCO_3$ 和方解石的分解温度比较接近，在TG-DSC曲线上重合在一起。在碳酸盐的分解过程中，因 CO_2 释放导致样品质量损失为8.62%，而在整个热重测试过程中，样品的总质量损失达到了16.14%。通过TG-DSC分析可知，在磁化焙烧过程中针铁矿和碳酸盐矿物的分解会导致矿物结构发生较大变化。

对细粒级（-30μm粒级占100%）含锡尾矿样品及不同条件下焙烧产物进行BET分析（见表5-2），目的是分析不同样品的比表面积和颗粒孔径变化。

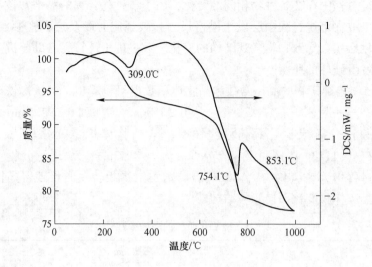

图 5-18　含锡尾矿样品的 TG-DSC 分析结果

表 5-2　不同样品 BET 分析相应参数数据

BET 参数		样　本		
		原料	N_2 850℃	5%CO-95%CO_2 850℃
多点选择	表面积/$m^2 \cdot g^{-1}$	8.400	5.384	4.608
	表面积/$m^2 \cdot g^{-1}$	8.146	5.070	4.397
BJH 吸附	孔体积/$cm^3 \cdot g^{-1}$	0.021	0.035	0.024
	孔径/nm	1.418	2.445	2.447
BJH 解吸	表面积/$m^2 \cdot g^{-1}$	9.060	—	5.451
	孔体积/$cm^3 \cdot g^{-1}$	0.022	—	0.025
	孔径/nm	3.782	—	13.378
总孔体积/$cm^3 \cdot g^{-1}$		0.0218	0.0351	0.02435
平均孔径/nm		1.037	2.608	2.114

从表 5-2 中数据可以看出，原尾矿样品的比表面积（S_{MBET}）为 8.400m^2/g，经过 850℃、纯氮气处理 60min 后的比表面积为 5.384m^2/g，而在 850℃、

5%CO-95%CO$_2$ 条件下处理 60min 后的比表面为 4.608m^2/g。从 BJH 方法吸附得到的数据可知，经过纯氮气热处理和 5%CO 磁化焙烧之后颗粒的孔隙体积和微孔的直径有较大变化。例如，尾矿样品经过纯氮气热处理之后，孔隙体积从原尾矿的 0.021cm^3/g 增加到 0.035cm^3/g，同时微孔直径从 1.418nm 增加到 2.445nm。而总的孔径体积由 0.0218cm^3/g 增加到 0.0351cm^3/g，平均微孔的直径从 1.037nm 增加到 2.608nm。空隙体积和孔径直径的增大是由于针铁矿的脱羟基作用导致矿物结构变化，同时产生的水蒸气聚集使内部压力增大，使矿物颗粒从表面开始产生裂纹并向内扩散。这一现象与后续扫描电镜所观察的结果相吻合。

图 5-19 和图 5-20 是该尾矿样品焙烧前后的微观显微结构照片，从图中可以看出，在焙烧前尾矿中的锡石与针铁矿共生关系致密，部分细粒锡石颗粒被针铁矿包裹；在尾矿经过磁化焙烧之后，颗粒间存在明显裂缝，尤其是在锡石与针铁矿交界处的裂缝更为明显，主要原因是在加热过程中，锡石与针铁矿晶体结构发生变化，主要包括晶粒尺寸、微观应力以及热膨胀参数等，导致锡石与针铁矿交界处的裂缝较为明显。结合上述 TG-DSC 分析可知，温度在 309℃ 左右时，针铁

图 5-19 含锡尾矿样品的 SEM 图

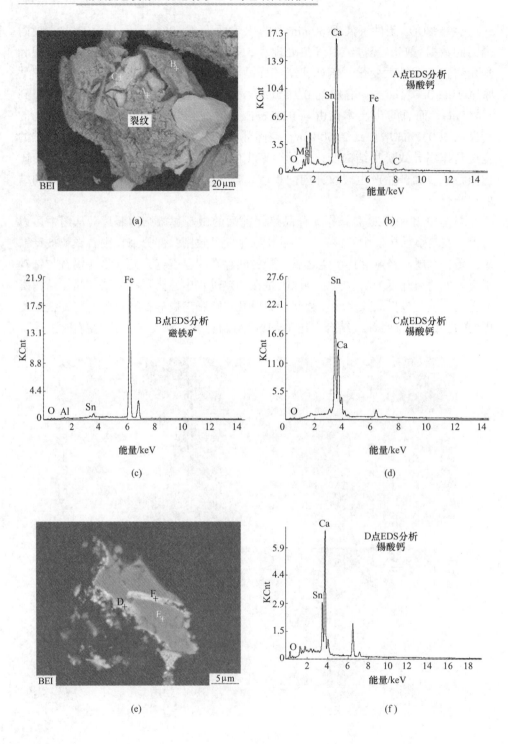

(a)

(b)

(c)

(d)

(e)

(f)

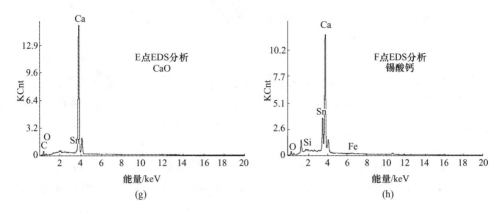

图 5-20 焙烧产物的 SEM-EDS 分析

（焙烧温度 850℃，焙烧时间 60min，CO 浓度 5%）

矿吸热发生脱羟基作用，导致针铁矿结构发生变化。快速升温过程中，脱羟基作用产生的水蒸气在颗粒内部产生内部压力，使颗粒内微观应力增大导致裂纹从表面开始产生并向内部扩散，脱羟基作用以及水蒸气产生的压力是颗粒裂纹产生的重要原因。另一方面，由图 5-20 可以看出，焙烧产物中有锡酸钙（图 5-20 中（b），（d），（f）和（h））物相生成，而锡酸钙与磁铁矿、CaO 物相关系紧密；锡酸钙的形成可以减少与铁矿物夹杂或包裹的微细粒锡石，有利于细粒级锡石从铁矿物表面解离开，从而有利于含锡矿物在后续磨矿、磁选过程中进入非磁性产物。

5.2.4 磁化焙烧过程锡铁分离机制

综合上述研究结果，褐铁矿型含锡尾矿磁化焙烧分离锡铁过程的机制可分成 3 类：（1）褐铁矿的脱羟基反应和赤铁矿到磁铁矿的还原；（2）碳酸盐（如方解石、白云石）分解生成 CaO 等碱性氧化物；（3）锡氧化物与 CaO 等碱性氧化物之间反应生成锡酸钙。

（1）含锡尾矿样品中的铁氧化矿物在磁化焙烧前后晶格常数和晶胞体积有较大变化，这对矿物颗粒结构产生较大破坏作用。针铁矿由于发生脱羟基反应吸收热量，使内部产生较多水蒸气，导致铁矿物颗粒表面产生裂纹。磁化焙烧后的样品表面出现大量裂纹和孔洞，尤其是在锡石与针铁矿交界处的裂缝更为明显。在加热过程中针铁矿脱羟基反应产生的裂纹，一方面有利于 CO 向铁矿物颗粒内部扩散，促进了赤铁矿到磁铁矿还原反应的进行，另一方面也有利于后续磨矿过程中铁氧化矿物与脉石组分的解离。

（2）尾矿样品中含有较多的白云石和方解石矿物，在适宜焙烧温度下，二者均会发生分解反应生成 CaO 等碱性氧化物。碳酸盐分解伴随着矿物晶格参数变化，进一步破坏了含锡尾矿中锡、铁矿物与脉石组分间的嵌布关系，有利于以包裹形式存在的微细粒锡石的解离。

（3）天然锡石结构稳定，在氧化条件下难以与铁、钙、硅矿物发生反应。根据本书第 3 章研究表明，在低浓度 $CO\text{-}CO_2$ 气氛条件下，锡石表面反应活性提高，尤其是与 CaO 等碱性氧化物的反应能力增强，形成锡酸钙等非磁性物质。与此同时，控制弱还原气氛和焙烧温度使赤铁矿被稳定在磁铁矿阶段，强化了后续磁选分离回收效果。

根据上述研究发现，设计出如图 5-21 所示的褐铁矿型含锡尾矿磁化焙烧–磁选分离回收锡铁工艺流程，通过协同控制焙烧气氛和焙烧温度，将尾矿中的褐铁矿仅还原至磁铁矿阶段，而锡石则与碳酸盐分解产生的 CaO 反应定向转化为锡酸钙，后续通过磨矿、磁选回收磁铁矿，而锡则在非磁性物中富集，从而实现锡、铁组分的高效分离和回收。

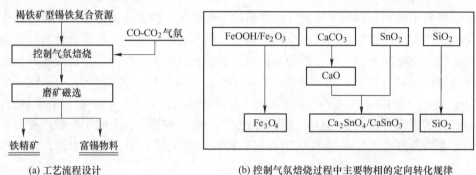

(a) 工艺流程设计　　　　　　　　(b) 控制气氛焙烧过程中主要物相的定向转化规律

图 5-21　褐铁矿型含锡尾矿磁化焙烧–磁选分离锡铁工艺原则流程及焙烧过程物相转化规律

5.3　磁铁矿型含锡尾矿控制气氛钙化焙烧–磁选分离锡铁

本节以云南麻栗坡磁铁矿型锡铁尾矿为原料，其中铁矿物主要是磁铁矿，锡则以微细粒锡石和锡铁尖晶石两种赋存形式存在，同时尾矿中 CaO 含量为 10.46wt.%。

根据前文研究结果可知，尾矿中存在一定含量的 CaO 组分可以强化锡铁分离效果[8~10]。因而，首先比较直接磁选和不添加任何添加剂条件下的锡铁分离效果，探索试验分别将尾矿直接磁选（试验编号 1 号）和控制气氛焙烧–磁选（试验编号 2 号）获得的磁选铁精矿进行化学分析，结果见表 5-3。

由表 5-3 可知，对含锡尾矿直接进行磁选（试验编号 1 号），可以得到铁品位较高的磁铁精矿，但铁精矿中锡的含量高达 0.253wt.%；对尾矿进行控制气氛焙烧-磁选试验（试验编号 2 号），获得铁精矿中的锡含量仍然高达 0.231wt.%，表明采用简单的控制气氛焙烧–磁选难以获得理想的锡铁分离效果。

表 5-3 探索试验获得的磁选铁精矿成分分析

试验编号	条件	磁铁精矿中铁品位 /wt.%	磁铁精矿中锡含量 /wt.%
1 号	直接磁选（磁选强度 0.10 T）	64.36	0.253
2 号	焙烧温度 850℃，CO 浓度 5vol.%，焙烧时间 60min，磁选强度 0.10T	64.70	0.231

2.1 节对磁铁矿型尾矿的工艺矿物学研究表明，该尾矿中虽然 CaO 含量较高，但主要含钙矿物为石榴子石，而石榴子石具有良好的热稳定性，在试验焙烧温度条件下很难产生游离 CaO 组分，因而也很难与锡石发生反应，不能起到促进锡铁分离的作用。

因此，在后续试验中，考虑向尾矿中外配 CaO 进行试验，通过协同控制焙烧气氛、温度、CaO 用量，使尾矿中的锡组分与 CaO 发生反应定向转化为锡酸钙（简称为"控制气氛钙化焙烧"），为后续锡、铁组分的分离创造物质条件。

5.3.1 钙化焙烧-磁选工艺过程优化

首先考虑直接外配分析纯 CaO 作为添加剂，重点考查添加剂用量、焙烧温度、焙烧时间、焙烧气氛等对锡铁分离效果的影响。

5.3.1.1 添加剂的影响

不同 CaO 用量对锡铁分离效果的影响如图 5-22 所示。可以看出，不外配 CaO 时，控制气氛焙烧-磁选产物中锡的含量仍然较高，随着氧化钙用量的增加，磁选精矿中锡的品位呈先降低后逐渐变缓的趋势，表明体系中添加一定量 CaO 获得了明显的锡铁分离效果。但随着氧化钙用量的增加，磁选精矿中铁品位和铁回

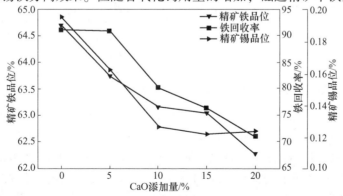

图 5-22 CaO 添加量对锡铁分离效果的影响

$(T = 850℃，CO/(CO+CO_2) = 10\%，t = 60min)$

收率均逐渐降低。即当 CaO 添加量大于 10wt.%时，进一步增加 CaO 用量对改善铁精矿中锡的分离效果不明显。因此，选择 10wt.% CaO 用量为宜。在此用量下，获得的铁精矿中全铁品位为 63.15wt.%，铁的回收率为 80.15%，锡品位为 0.127wt.%。

5.3.1.2　焙烧温度的影响

进一步研究焙烧温度对锡铁分离效果的影响，本试验将焙烧温度控制在800~900℃，其对锡铁分离的影响如图 5-23 所示。结果表明，随着焙烧温度的提高，磁选精矿中全铁品位在 800~825℃区间稍有升高，而在 825~900℃区间开始呈现明显的降低趋势；铁的回收率在 800~825℃区间内也逐渐提高，在 825~900℃区间逐渐降低；磁选精矿中锡品位在温度高于 825℃时开始呈现明显升高趋势。所以，应控制焙烧温度在 825℃时较为合适，此时磁选精矿中全铁品位为63.75wt.%，铁回收率为 88.56%，锡品位为 0.114wt.%。

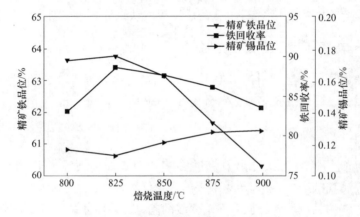

图 5-23　焙烧温度对锡铁分离效果的影响

$(CO/(CO+CO_2)=5vol.\%,\ t=60min,\ w(CaO)=10wt.\%)$

5.3.1.3　焙烧时间的影响

焙烧时间长短影响了添加剂与含锡矿物是否充分发生反应，图 5-24 所示为焙烧时间对锡铁分离的影响。图中结果显示，当焙烧时间为 10~40min 时，磁选精矿中全铁品位随着时间延长而逐渐增加，时间为 40~80min 时，全铁品位变化幅度较小，大于 80min 后，全铁品位明显下降；铁回收率在 10~40min 内逐渐增加，40~100min 内变化迟缓；精矿中锡品位在 10~40min 内降低较明显，40~80min 内降低幅度减小，80~100min 时几乎无变化。考虑到锡在铁精矿后续利用过程中的不利影响，本试验选取 80min 为适宜焙烧时间，以保证磁选铁精矿中含有较低 Sn 含量，此时，磁选铁精矿中全铁品位为 62.67wt.%，铁回收率为 89.06%，锡品位为 0.108wt.%。

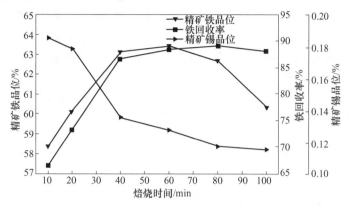

图 5-24　焙烧时间对锡铁分离的影响

($T = 825℃$，$CO/(CO+CO_2) = 5vol.\%$，$w(CaO) = 10wt.\%$)

5.3.1.4　焙烧气氛的影响

$CO/(CO+CO_2)$ 在 2.5vol.% ~ 15.0vol.% 范围内变化时，考查其对锡铁分离效果的影响，结果如图 5-25 所示。从图中曲线可以看出，随着还原气氛的增强，磁选精矿中全铁品位先增后降，铁回收率呈先平缓降低后显著下降的规律，而精矿中锡的品位则呈先少许增加后明显增加的趋势。当控制 CO 含量在 2.5vol.% ~ 5.0vol.% 时，全铁品位明显提高，铁回收率下降幅度不大，铁精矿中锡的品位基本处于较低水平，当控制 $CO/(CO+CO_2)$ 气氛在 5.0vol.% ~ 15.0vol.% 时，全铁品位略微上升后开始下降，铁回收率下降幅度较大，因此，$CO/(CO+CO_2)$ 气氛选择控制在 5vol.% 为宜。

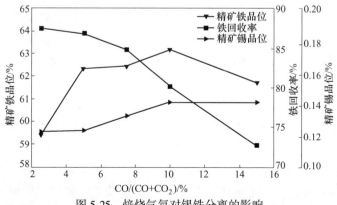

图 5-25　焙烧气氛对锡铁分离的影响

($T = 850℃$，$t = 60min$，$w(CaO) = 10wt.\%$)

5.3.2 控制气氛钙化焙烧过程主要物相变化

上述试验结果表明，通过协同控制外配 CaO 添加剂、焙烧温度和气相中 CO 浓度，可以基本实现磁铁矿型含锡尾矿中锡、铁组分的定向转化和有效分离。为进一步查明钙化焙烧过程原理，重点研究了不同温度条件下焙烧产物的主要物相变化规律，其 XRD 分析结果如图 5-26 所示。

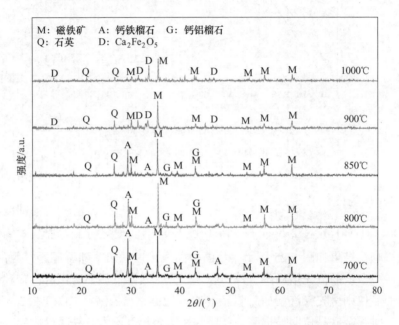

图 5-26　不同温度下磁铁矿型含锡尾矿焙烧产物的 XRD 图
（ $w(CaO)$ = 10wt.%，$CO/(CO + CO_2)$ = 5vol.%，t = 120min）

由图 5-26 可以看出，当焙烧温度在 700~850℃ 范围内，焙烧产物的物相组成与原料相比基本没有发生变化，产物中主要物相仍为磁铁矿、石英和石榴子石，结合表 5-3 中试验结果可知，磁铁矿型尾矿中的钙元素含量虽然较高，但是主要以钙铁榴石形式存在，在焙烧过程中不能分解为活性 CaO 组分而与 SnO_2 发生反应，因此在不添加 CaO 时，锡铁分离效果较差。当焙烧温度提高到 900℃，焙烧产物中石榴子石的衍射峰基本消失，磁铁矿和石英的衍射峰均减弱，产物中开始出现铁酸钙的衍射峰；焙烧温度提高到 1000℃ 时，焙烧产物中石英的衍射峰几乎消失，而铁酸钙的衍射峰显著增强，这并不利于磁铁矿物的分离回收。

进一步采用化学物相分析法研究不同温度条件下焙烧产物中锡的物相变化，结果如图 5-27 所示。当焙烧温度为 600~700℃ 时，焙烧产物中锡石相中锡的含量几乎与尾矿原料中一致，说明在此温度下，CaO 不能与锡石发生反应；焙烧温度提高到 800~850℃时，产物中锡石相中锡的含量明显减少；焙烧温度升高到 900℃以上时，锡石相中锡的含量进一步降低。但是在图 5-26 中发现，焙烧温度达到 900℃时，锡铁分离效果反而更差，说明焙烧温度过高，锡石会与铁矿物或者石英反应生成锡铁尖晶石、硅酸亚锡等物质，不利于锡铁分离。

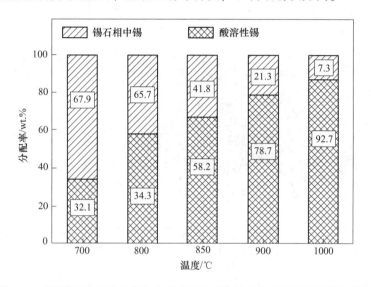

图 5-27 不同温度条件下磁铁矿型含锡尾矿焙烧产物中锡的化学物相分析
$(w(CaO) = 10wt.\%,\ CO/(CO + CO_2) = 5vol.\%,\ t = 120mm)$

图 5-27 中化学物相分析法仅能分析锡石相和非锡石相含量，并未区分非锡石相中锡酸钙和锡铁尖晶石相中锡的含量，为进一步分析磁铁精矿中锡的物相组成，采用扫描电镜-能谱分析和电子探针法，表征优化条件下获得的磁铁精矿中锡、铁矿物的分布状态，试验结果如图 5-28 和图 5-29 所示。

由图 5-28 可以看出，该磁铁精矿中仍夹杂有微细粒锡石（图中 B 点和 D 点），锡石粒径仅为 1~2μm，这种锡石即使通过反复细磨也无法实现单体解离；另外，这一部分细粒级锡石完全被磁铁矿包裹，由于磁铁矿在焙烧过程中没有发生晶格转变，因此这部分锡石不会解离出来，而外加的 CaO 添加剂也无法进入磁铁矿晶格与其发生反应。因此，此类微细粒级锡石仍然以原始包裹状态残留在磁铁矿内部，在磁选过程中进入磁铁精矿。

图 5-29 的电子探针分析结果表明，磁铁精矿颗粒内部以稀散状分布的晶格取代锡的含量降低至 0.084wt.%，而本书 2.3 节所述磁铁矿型含锡尾矿中晶格取代锡含量高达 0.20wt.%~0.30wt.%，这说明外配的 CaO 添加剂在焙烧过程中置换出了一部分磁铁矿中以晶格取代形式存在的锡，其脱除率约为 50wt.%，但锡

铁尖晶石中仍残留有一定量的晶格取代锡，其原因是锡酸钙主要通过固–固反应生成，反应较慢，受 $CaO\text{-}Fe_{3-x}Sn_xO_4$ 界面化学反应速率控制。

研究结果进一步证实，通过外配 CaO，在适宜的 CO 焙烧气氛和温度条件下，可使尾矿中的绝大部分锡石相和锡铁尖晶石中的部分锡组分与 CaO 发生反应，定向转化为锡酸钙，再通过后续磨矿、磁选，最终实现锡铁矿物的高效分离。通过优化工艺参数，获得磁铁精矿中残留锡的含量满足高炉炼铁原料要求，锡主要以锡酸钙形式富集于非磁性物中。

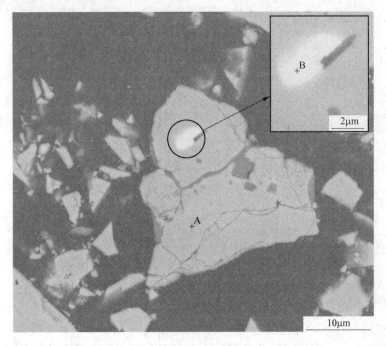

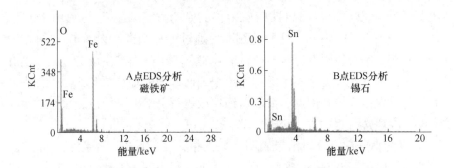

(a)

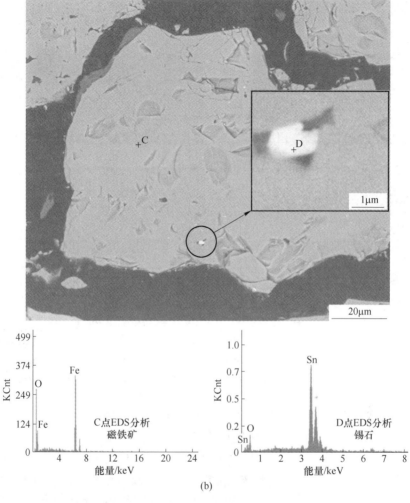

图 5-28　优化条件下磁选铁精矿扫描电镜能谱分析

（CaO 用量 10wt.%，焙烧温度 850℃，CO 浓度 5vol.%，焙烧时间 90min）

5.3.3　钙化焙烧过程锡铁分离机制

　　磁铁矿型含锡尾矿中主要铁矿物是磁铁矿，磁铁矿中的锡主要有微细粒嵌布的锡石和锡铁尖晶石中晶格取代锡两种赋存形式，主要含钙矿物是石榴子石。第 3、4 章研究表明，在较低的焙烧温度（800~850℃）、适宜的 $CO/(CO+CO_2)$ 浓度（5vol.%~15vol.%）条件下，锡石和锡铁尖晶石中的锡均可与 CaO 反应生成锡酸钙，在此过程中，铁氧化矿物仍然稳定在磁铁矿阶段，对含锡矿物转化起到关键作用的是 CaO 组分。然而，该类尾矿中的含钙矿物主要为石榴子石，具有

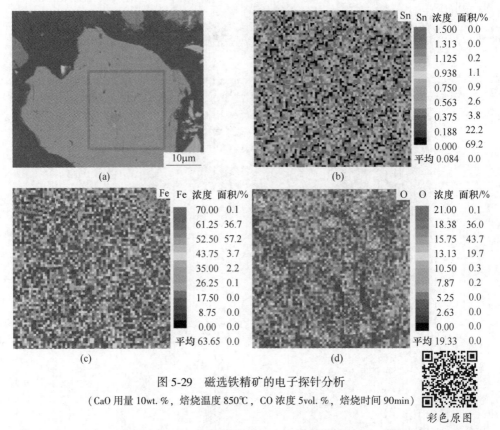

图 5-29　磁选铁精矿的电子探针分析
（CaO 用量 10wt.%，焙烧温度 850℃，CO 浓度 5vol.%，焙烧时间 90min）

彩色原图

较好的热稳定性，焙烧过程中很难提供有效 CaO 组分。因此，在控制气氛焙烧过程中，通过外配 CaO 添加剂，协同调控热力学条件（温度、气氛、CaO 用量）满足锡石和锡铁尖晶石中锡同步转化为锡酸钙，同时铁氧化物稳定在磁铁矿阶段而不发生氧化还原反应，而且要避免磁铁矿与 CaO 反应生成弱磁性的铁酸钙。

综合上述研究，设计出如图 5-30 所示的磁铁矿型含锡尾矿控制气氛钙化焙烧–磁选工艺流程，通过调控焙烧温度 800~850℃、CO 浓度 5vol.%~15vol.% 和 CaO 添加量，促进尾矿中的微细粒锡石和锡铁尖晶石中的锡与 CaO 发生反应形成锡酸钙，在磁选过程中进入尾矿富集，从而实现与磁铁精矿的分离。同时，通过控制焙烧温度低于 900℃、CO 浓度低于 20vol.%，可以避免焙烧过程生成铁酸钙、橄榄石、硅酸亚锡等不利于锡、铁矿物分离和回收的脉石矿物。

5.3.4　含锡磁铁精矿钙化焙烧–磁选分离锡铁

含锡磁铁矿资源是我国典型难处理复合资源，由于锡与铁矿物分离困难，在选矿过程中，通过磁选会得到含锡磁铁精矿，这类精矿中铁品位通常在 60wt.% 甚至 65wt.% 以上，但锡的含量一般高于 0.10wt.%，无法直接作为高炉炉料。

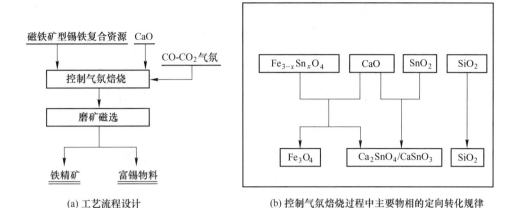

(a) 工艺流程设计   (b) 控制气氛焙烧过程中主要物相的定向转化规律

图 5-30　磁铁矿型含锡尾矿钙化焙烧-磁选分离回收锡铁分离原则
流程及焙烧过程主要物相转化规律

第 4 章主要介绍的是含锡磁铁精矿弱还原焙烧挥发回收锡并制备高炉炼铁用球团矿的新技术。依据本章研究结果，作者提出了"含锡磁铁矿控制气氛钙化焙烧-磁选分离锡铁"另一技术思路。

以云南麻栗坡矿区的含锡磁铁精矿为原料（TFe 含量 64.48wt.%，TSn 含量 0.231wt.%），配加 CaO 为添加剂，通过调控 CaO 用量、焙烧温度、CO 气氛等条件，促进尾矿中的含锡组分与 CaO 反应生成锡酸钙，再通过磨矿、磁选实现锡铁矿物分离。固定磨选参数为：磨矿细度为-200 目占比大于 80wt.%，磁选强度为 1000Gs。

首先固定焙烧温度 850℃，CO 浓度 5vol.%，焙烧时间 90min，研究 CaO 添加量对锡铁分离效果的影响，试验结果如图 5-31 所示。

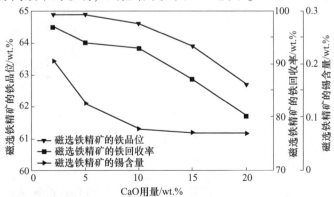

图 5-31　CaO 用量对锡铁分离效果的影响
（CO 浓度 5vol.%，焙烧时间 90min，焙烧温度 850℃）

由图 5-31 可知，随着 CaO 添加量的增加，磁选精矿的铁品位和回收率均呈现降低的趋势，同时，磁性产物中锡的含量逐渐降低；当 CaO 用量为 10wt.% 时，磁选铁精矿中锡的含量降低到 0.082wt.%，基本达到炼铁原料标准；CaO 用量进一步提高到 20wt.% 时，精矿中锡的含量降低幅度有限。综合考虑铁回收率和锡铁分离效果，适宜 CaO 添加量为 10wt.%。

进而固定 CO 浓度 5vol.%，CaO 添加量 10wt.%，研究焙烧温度和焙烧时间对锡铁分离效果的影响，试验结果如图 5-32 和图 5-33 所示。

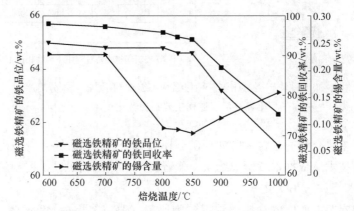

图 5-32 焙烧温度对锡铁分离效果的影响

（CO 浓度 5vol.%，焙烧时间 90min，CaO 用量 10wt.%）

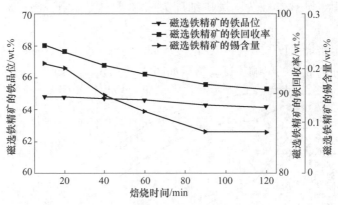

图 5-33 焙烧时间对锡铁分离效果的影响

（焙烧温度 850℃，CO 浓度 5vol.%，CaO 用量 10wt.%）

由图 5-32 可以看出，适宜的焙烧温度为 800~850℃，磁选精矿中锡含量可降低至 0.1wt.% 以下，焙烧温度过高导致 CaO 与铁矿物反应生成铁酸钙，不利于磁铁矿的分离回收，同时，高温下磁铁矿中的锡石与磁铁矿反应会生成锡铁尖晶石，也不利于锡铁组分的分离。

由图 5-33 可以看出，随着焙烧时间延长，磁选精矿中锡的含量不断降低，当时间达到 90min 以上，铁精矿中锡的含量基本不再变化，磁铁精矿中锡的含量降低至 0.082wt.%。

5.3.5 配加褐铁矿型尾矿强化磁铁矿型尾矿分离锡铁

外配 CaO 添加剂是磁铁矿型含锡尾矿分离锡铁的关键因素。云南个旧地区的褐铁矿型含锡尾矿中含有丰富的碳酸盐矿物（白云石和方解石），在焙烧过程可以产生活性 CaO 组分。因此，考虑将两种尾矿按照一定质量比均匀混合后再进行控制气氛焙烧，利用加热过程中褐铁矿型尾矿中含钙碳酸盐加热分解产生的 CaO 组分作为添加剂，而无需外配其他含 CaO 物质。

将褐铁矿型尾矿（TFe 含量 37.32wt.%，TSn 含量 0.792wt.%）和磁铁矿型尾矿（TFe 含量 38.82wt.%，TSn 含量 0.358wt.%）按照质量比 1:1 配料混匀后，添加少量膨润土和适量水，进行造球、干燥、控制气氛焙烧、冷却、磨矿、磁选，获得磁铁精矿和富锡物料。固定磨选参数：磨矿细度为 -200 目占比大于 80wt.%，磁选强度为 1000Gs，CO 浓度 5vol.%，焙烧时间 90min，重点考查不同焙烧温度对混合尾矿锡铁分离效果的影响，试验结果如图 5-34 所示。

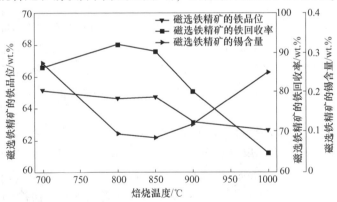

图 5-34　焙烧温度对混合尾矿锡铁分离效果的影响

由图 5-34 可以看出，当焙烧温度在 800~850℃ 时，锡铁分离效果最佳，可以获得铁品位 64wt.% 以上的磁铁精矿，其中锡的含量可以降至 0.10wt.% 以下；进一步提高温度促进了 CaO 与锡石和锡铁尖晶石之间的反应，但是温度高于 850℃ 时，体系中铁酸钙、铁橄榄石等物质的生成并不利于锡铁组分的分离和回收，所得铁精矿中锡的含量随温度的升高呈逐渐上升的趋势。

综上可知，通过两种含锡尾矿互配，在焙烧温度 850℃，CO 浓度 5vol.%，焙烧时间 90min 的优化条件下，获得的试验结果见表 5-4。

表 5-4　优化条件下获得的试验结果（两种尾矿按质量比 1∶1 配料）

项　　目	产率/wt.%	含量/wt.%		回收率/wt.%	
		Fe	Sn	Fe	Sn
混合原料	—	38.07	0.575	—	—
焙烧产物	92.5	41.16	0.622	100.0	100.0
磁性产物	53.6	64.53	0.089	90.8	8.4
非磁性物	43.0	8.10	1.226	9.2	91.6

由表 5-4 可以看出，通过两种含锡尾矿互配，采用控制气氛钙化焙烧–磁选方法，可以实现两种含锡尾矿中锡铁组分的有效分离，获得的磁铁精矿中铁含量达到 64.53wt.%，其中残留锡的含量降低至 0.089wt.%，可以作为高炉炼铁原料；而锡进入非磁性产物的比例占 91.6wt.%，非磁性物中锡的含量富集到 1.226wt.%。

5.4　锡铁复合尾矿综合利用新工艺流程

5.4.1　从富锡非磁性物中回收锡

根据前文研究可知，富锡非磁性物中锡的物相主要为锡酸钙，而锡酸钙性质稳定，在 CO 气氛下难以还原挥发。第 3 章研究表明，氯化挥发法是目前处理低锡物料（锡含量 1wt.%~3wt.%）最有效的方法，通过添加少量氯化物可以使锡酸钙中的锡以氯化物形式挥发。本节探讨了氯化挥发法处理含锡非磁性物料的可行性[11]。

将 5.3.5 节经磁选获得的非磁性富锡物料（锡含量为 1.226wt.%）配加 3wt.%$CaCl_2$ 和 5wt.%无烟煤（粒度 100%小于 400 目），加适量水分混匀后，压制成直径 10mm、厚度 10mm 的团块，将团块干燥后，置于卧式管炉中焙烧 120min，焙烧过程中通入 N_2 保护，焙烧结束后将焙烧产物取出冷却，检测其中锡的含量。重点研究焙烧温度对锡挥发率的影响，结果如图 5-35 所示。从图中可以看出，随着焙烧温度升高，团块中锡的挥发率呈不断升高的趋势，当焙烧温度达到 1000℃ 时，锡的挥发率达 99wt.% 以上，焙烧块中锡残留量低于 0.01wt.%。

优化焙烧温度下获得的试验结果见表 5-5，可以看出，通过添加氯化剂可以回收富锡物料中 99.5wt.% 的锡，焙烧渣中残留锡含量仅为 0.005wt.%，收集挥发烟尘的检测结果表明，烟尘中锡的含量富集到 52.3wt.%，可作为锡熔炼原料。

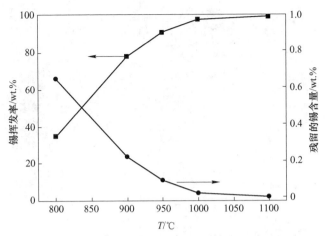

图 5-35 焙烧温度对富锡非磁性物中锡挥发率的影响

表 5-5 优化条件下的试验结果（焙烧温度 1000℃，焙烧时间 120min）

项　　目	产率/wt.%	Sn 含量/wt.%	Sn 回收率/wt.%
富锡物料	—	1.226	—
高锡烟尘	2.1	52.3	99.5
焙烧块	96.3	0.005	0.5

氯化焙烧后，焙烧块中锡元素基本挥发完全，尾渣中仅存在价值相对较低的硅、钙、镁、铝等元素，对焙烧块的物相组成和微观结构进行分析，结果如图 5-36 和图 5-37 所示。

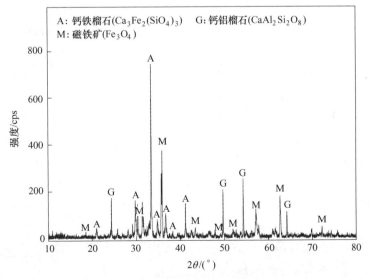

图 5-36 焙烧渣的 XRD 图谱

图 5-37　焙烧渣的微观结构

由图 5-36 可以看出，经过高温焙烧后，团块中的物相以钙铁榴石和钙铝榴石为主，还有少量未分离的磁铁矿。由图 5-37 可以看出，焙烧产物并没有明显的烧结现象，说明最终焙烧产物中并没有产生大量液相，焙烧产物颗粒之间有明显的孔洞结构，孔径多在 5μm 以下。焙烧渣中仅残留硅、钙、镁、铝及少量未分离的铁元素，磨细后可作为制备水泥、混凝土或制砖的原料。

5.4.2　新工艺原则流程的提出

综合前文研究可知，采用热化学活化焙烧方法，通过协同调控气相中 CO 浓度、焙烧温度和 CaO 含量，可以实现典型锡铁复合尾矿资源中锡、铁矿物的定向转化，为锡铁矿物的有效分离创造物质条件。据此，构建了锡铁复合资源综合利用工艺流程，如图 5-38 所示。主要包括以下步骤：

（1）首先将锡铁复合尾矿资源进行配料，混合均匀后造球，根据原料中含钙碳酸盐矿物含量，综合考虑 CaO 添加剂的配加量；

（2）控制气氛焙烧，适宜 CO 浓度为 5vol.% ~ 15vol.%，焙烧温度 800 ~ 850℃，在 CaO 作用下，含锡矿物（锡石和锡铁尖晶石中的锡）定向转化成锡酸钙，同时铁矿物稳定在磁铁矿阶段，在此过程中锡、铁矿物物相转变规律如图 5-39 所示；

（3）弱还原焙烧样品冷却后，磨矿、磁选，分离出满足高炉冶炼要求的磁铁精矿，锡在非磁性物中富集；

（4）富锡非磁性物氯化焙烧，非磁性物配加氯化剂（$CaCl_2$）和还原剂（无

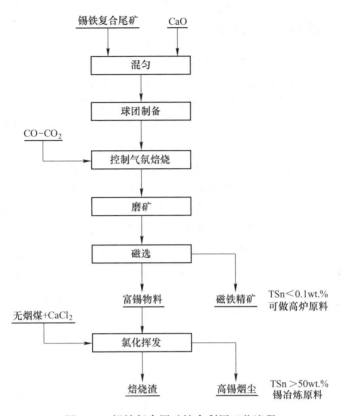

图 5-38　锡铁复合尾矿综合利用工艺流程

烟煤）后压块，干燥后在温度 1000℃左右焙烧，可获得高品位的富锡烟尘（锡含量高于 50wt.%），作为锡冶炼或锡化工原料。

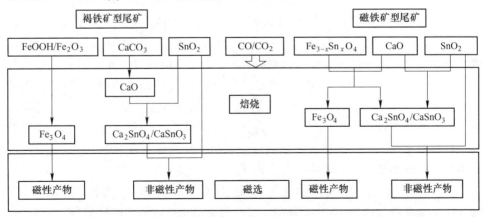

图 5-39　含锡尾矿钙化焙烧过程主要矿物物相转变规律

5.4.3　尾渣高值化利用途径探讨

目前报道的对冶金终渣处理方法是利用渣中的硅、钙、镁、铝、铁等组分，将各种渣磨细后，作为制备水泥、建材等原料，或作为混凝土填料。但是近年来，我国水泥工业产能过剩情况凸显，难以大规模消纳国内冶炼企业产生的废渣。开发冶金渣增值加工和综合利用新技术，对我国经济和环境的可持续发展意义重大。

随着石油和煤炭资源的大量消耗，环境问题日益严重，温室效应影响人类发展。可再生能源尤其是太阳能的利用已成为未来化石能源的替代品，而利用太阳能等再生能源的技术关键是利用存储媒介将热能储存，在需要时再释放。储热材料成为近年来的研究热点，其中最常见的是相变材料，通过相态转化时潜热变化来存储能量，在各类相变材料中，固-液相变材料具有储能密度高、温度波动小等优点，因而最具应用前景。但是在固-液相变时常伴随形态变化，因此，通常将相变材料与具备良好稳定性的多孔材料基体进行复合，保证相变材料具备基本的形状和强度。常见的复合基体材料有多孔金属基、陶瓷基体等，但大多存在加工工艺复杂，成本昂贵等问题；而天然矿物基材料（如高岭石、蒙脱石等）大多具有孔隙率低、热稳定性差等缺点[11~13]。因此，开发制备热稳定性好的复合相变材料基体，是解决目前复合相变材料大规模应用问题的关键。

上节所述氯化焙烧渣的微观结构研究表明，经过高温焙烧后，焙烧渣成为一种热稳定性良好的多孔基体，具备作为复合相变材料基体的潜能。另外，氯化焙烧结束后，焙烧渣本身具有大量可回收余热，可利用其进行复合相变材料制备，减少能源浪费。硝酸钠熔点为 306.8℃，是一种常见的高温相变材料介质，工作温度为 300~350℃，本文探讨了以硝酸钠-焙烧渣为原料制备复合相变材料的可行性。

氯化焙烧试验结束后，将焙烧团块降温至 350~400℃后，直接倒入已熔融的硝酸钠中，并在 350~400℃保温 2h 进行原位熔渗，结束后将样品缓慢冷却至室温，再将表面黏附的硝酸钠除去，制备成硝酸钠-焙烧渣复合相变材料。称重计算得到复合相变材料中硝酸钠的熔渗率（硝酸钠质量/（硝酸钠质量+基体材料质量））为 40.3wt.%。对复合相变材料的 XRD 物相分析结果如图 5-40 所示。可以看出，与氯化焙烧渣相比，制备的复合相变材料中仅出现硝酸钠的衍射峰，没有其他新物质出现，证实焙烧过程中硝酸钠不会与尾渣中其他矿物组分发生反应，而硝酸钠与焙烧渣之间为物理复合，化学相容性良好。

将合成的硝酸钠-焙烧渣复合相变材料在 100~350℃温度范围内，按照 1℃/min 的升降温速率进行储热-放热循环测试，往复循环 100 次后，将样品冷却并制样。采用 DSC 热分析法测试了合成样品和循环使用 100 次后样品的热性能变化，测试结果如图 5-41 所示。

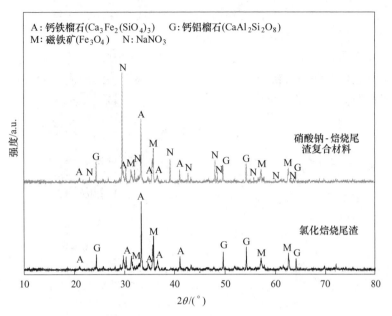

图 5-40　硝酸钠-焙烧渣复合相变材料的 XRD 图

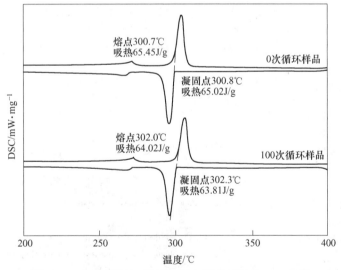

图 5-41　合成硝酸钠-焙烧渣复合相变材料的 DSC 曲线

由图 5-41 可以看出，合成的复合相变材料熔点和凝固点分别为 300.7℃ 和 300.8℃，接近硝酸钠的理论熔化温度，其熔化和凝固潜热分别为 65.45J/g 和 65.02J/g；经过热循环 100 次后，复合材料的熔点和凝固点为 302.0℃ 和 302.3℃，熔化和凝固潜热分别为 64.02J/g 和 63.81J/g。可见，合成的相变材料经多次热循环后，储热值变化仅为 2%，过冷度（熔化温度与凝固温度之差）仅为 0.3℃，说明合成的复合材料产品有良好的储放热性能，并且性质稳定，过冷度低，这有利于提高复合相变材料的抗热冲击性能。

以上探索研究表明，以氯化焙烧渣为基体制备硝酸钠-焙烧渣复合相变材料在理论上和技术上都是可行的，这为国内外大量冶金渣的增值化加工利用提供了新的技术思路。

参 考 文 献

[1] 苏子键. CO-CO$_2$ 气氛下锡石与铁、钙、硅氧化物的反应机制及应用研究 [D]. 长沙：中南大学，2017.

[2] 陈军. 高钙型锡铁尾矿磁化焙烧-磁选分离锡铁研究 [D]. 长沙：中南大学，2016.

[3] Su Z J, Zhang Y B, Chen J, et al. Selective separation and recovery of iron and tin from high calcium type tin-and iron-bearing tailings using magnetizing roasting followed by magnetic separation [J]. Separation Science and Technology, 2016, 51 (11)：1900-1912.

[4] Su Z J, Zhang Y B, Chen Y M, et al. Phase transformation process of high calcium type tin-, iron-bearing tailings during magnetizing roasting process [C]. TMS 2017, 8th International Symposium on High Temperature Metallurgical Processing, 2017：279-287.

[5] Chen J, Su Z J, Zhang Y B, et al. Research on recovery of iron oxide from iron, tin-bearing tailings by magnetizing roasting followed by magnetic separation [C]. TMS 2016, 7th International Symposium on High Temperature Metallurgical Processing, 2016：395-402.

[6] Chung U C, Lee I O, Kim H G, et al. Degradation characteristics of iron ore fines of a wide size distribution in fluidized-bed reduction [J]. Transactions of the Iron & Steel Institute of Japan, 1998, 38 (9)：943-952.

[7] Azevedo T, Cardoso M. Decrepitation of iron ores：a fracture-mechanics approach [J]. Ironmaking Steelmaking, 1983 (10)：49-53.

[8] 陈迎明. 添加剂强化磁铁矿型含锡尾矿焙烧分离锡铁的研究 [D]. 长沙：中南大学，2017.

[9] 张元波，陈迎明，苏子键，等. 磁铁矿型含锡尾矿活化焙烧-磁选分离锡铁的研究 [J]. 矿冶工程，2017, 37 (4)：65-68.

[10] Zhang Y B, Wang J, Cao C T, et al. New understanding on the separation of tin from magnetite-type, tin-bearing tailings via mineral phase reconstruction processes [J]. J mater. Res. Technol., 2019；8 (6)：5790-5801.

[11] Su Z J, Tu Y K, Chen X J, et al. A value-added multistage utilization process for the gradient-recovery tin, iron and preparing composite phase change materials (c-PCMs) from tailings [J]. Scientific Reports, 2019, 9：14097.

[12] Zhang Y B, Liu J C, Su Z J, et al. Utilizing blast furnace slags (BFS) to prepare high-temperature composite phase change materials (C-PCMs) [J]. Construction and Building Materials, 2018, 177：184-191.

[13] Zhang Y B, Liu J C, Su Z J, et al. Preparation of low-temperature composite phase change materials (C-PCMs) from modified blast furnace slag (MBFS) [J]. Construction and Building Materials, 2020, 238：117717.